Decarbonization Management

株式会社船井総合研究所
カーボンニュートラル支援ユニット
Funai Consulting Incorporated

利益を最大化する脱炭素経営

日本能率協会マネジメントセンター

はじめに

「脱炭素、カーボンニュートラルやＧＸという言葉をよく聞くようになったが、ウチの会社には、まだ関係ないよね」「新たな言葉が、どんどん出てきていて、インターネットで調べても情報が多すぎて、よくわからない」「脱炭素に取り組む必要性はわかるのだけど、一体何から取り組むべきかわからない」

本書は、こういった中堅・中小企業経営者の生の声をコンサルティングの現場で多く耳にして、その課題解決の想いからスタートしました。いま、中堅・中小企業の現場レベルでは、将来への不安と短期的な収益性改善に多くの課題を抱えています。インフレ傾向が続いている経済状況でもあり、原材料や資材価格の上昇、人員不足と人件費負担増と続き、他人のことや地球のことよりも、まずは短期的な収益性改善が最優先だという考え方に陥りがちです。

だからこそ、今この時期に脱炭素経営をスタートしていただく必要があります。短期的な収益性を改善するためにも、取り組みが重要です。そして中長期的にも、新たな収益を生むために、新たな人の採用や組織のためにも脱炭素経営が求められてもいるのです。脱炭素経営に取り組まないことが企業にはリスクにもなりますし、一方でビジネス機会であることは間違いなく、約束された市場と言っても過言ではないでしょう。しかし、時間も工数も限られているなかで新たなことを始めようと思うと、効率的に進めなければなりません。さらにいえば、経営に関することなので、最大の効果を目指さなければならないでしょう。

本書では中堅・中小企業に必要な、脱炭素の情報を整理して体系的に伝えるとともに、具体的な取り組みのステップまでを記載しています。

情報過多になりがちな現在、本当にほしい情報に辿り着くことは難しくなりつつあり、その結果、集まった多くの情報を整理することに時間を要してしまいます。それゆえ本書は、経営面を軸に、収益性と具体性の視点を重視して、読まれた方が「参考になった」「勉強になった」で終わるのではなく、本書がコーチとなり、具体的に脱炭素経営の施策を実施していけるようになることを願って執筆いたしました。

社会性を追求した結果に収益性がついてきます。社会性の追求こそ、企業のあるべき姿であり、そして現在、企業に求められていることが脱炭素なのです。

是非、本書が脱炭素経営を取り組む契機となり、活用いただけることを願っております。

株式会社船井総合研究所カーボンニュートラル支援ユニット
貴船隆宣・藤堂大吉

中堅・中小企業はGXで生き残る！

利益を最大化する脱炭素経営 もくじ

第7章　ステークホルダーへの情報開示　197

第Ⅲ部　注目の技術

第Ⅳ部　脱炭素経営・GXの推進事例

第Ⅰ部

中堅・中小企業のための脱炭素経営入門

第Ⅰ部では、脱炭素経営がどのようなもので、今、なぜ求められているのかを解説します。中堅・中小企業には脱炭素経営はできないのではないか、必要ないのではないか、という思い込みも強いですが、中堅・中小企業だからこそ得られるメリットがあったり、その取り組みを通じて組織を強靭化させていくことができます。ぜひ取り組みを始めていきましょう。

第1章

脱炭素経営とは何か

1 中堅・中小企業だからこそ脱炭素経営に取り組むべき

（1）「脱炭素」は、大手企業の取り組み？

日増しに「脱炭素」というキーワードが注目を集め、企業の取り組みとして紹介され、報道を賑わすようになってきました。しかし、テレビで目にする国内企業の取り組みの多くは世界的企業群のものであり、ESGの視点で環境（Environment）、社会（Social）、ガバナンス（Governance）への取り組みがクローズアップされ、**中堅・中小企業には縁遠いことのように思われがちです。**

それよりもまず優先して取り組むべき重要なことが多くある、と考えている経営者も多いのではないでしょうか。

しかし、まず認識頂きたいのは、**中堅・中小企業であっても脱炭素の取り組みが不可欠になっていく**ということです。

弊社創業者の船井幸雄は、企業の３つの使命として、「社会性の追求」「教育性の追求」「収益性の追求」を唱えてまいりました。この、３つの使命はその順番も大切と考えています。まずは「社会性」がありきであり、そして「教育性」を追求していけば、「収益性」がついてくる、というものです。この３つの使命で最初にくる社会性について考えてみると、その中身は不変ではなく、時代とともに求められるものも変化していきます。

広く世の中、社会に貢献することは、各社皆様が日々の経営においても取り組まれていることであるとは思いますが、そうした取り組みの中でも、**とりわけ優先度を上げなければならないテーマが、今回取り上げる脱炭素です。**

大き過ぎるテーマのように感じるかもしれませんが、今、まさに社会から求められていることであり、全ての企業が取り組むべきテーマなのです。そして脱炭素を追求していくことが、企業価値を必ず高めていき、社会から求められる企業になっていくのです。だからこそ、中堅・中小企業こそ脱炭素経営に積極的に取り組んでほしいと考えています。

（２）自社の事業や商売に関係する？

「脱炭素」の取り組みを進めるといっても、余計な工数や手間が増えていくイメージが強く、「**とてもそこまで手が回らない**」とも思ってしまうかもしれません。

あるいは、2000年代にISO14001（環境マネジメントシステムに関する国際認証）がブームになった時のように、認証取得を目的としたイベントのようなものではないかというイメージを持ち、「**経営の仕組みとして機能しないのではないか**」と、余計に億劫になってしまうかもしれません。そのため、どうしても企業力向上と一致しないように思え、目に見える効果をすぐに求めようとしてしまいがちだと思います。

脱炭素経営には、自社のマーケティングとしての一面も存在しています。**商品開発やサービス開発では、新たな経営軸としての「DX（デジタルトランスフォーメーション）」とともに脚光を浴びている「GX（グリーントランスフォーメーション）」が、正にビジネスチャンスの視点です。**

加えて、既存顧客や新規顧客との出会いや差別化においても、サプライチェーンへの削減要請にもなるScope3（22ページ参照）対応にて、選ばれるサプライヤーにならなければなりません。

この現状をマーケティング分析でも活用されている、SWOT分析で考えればシンプルであり、機会（Opportunity）と脅威（Threat）が自社の置かれた環境下において、表面化しているものと潜んでいるものがあるはずです。こちらの表について、**表1-1**を使って、自社とその周辺

表1-1　脱炭素経営のSWOT分析例

			外部環境	
			Opportunity 自社にとっての機会	Threat 自社にとっての脅威
			(機会記入）＊市場機会となる法改正や技術、トレンド 記入例）①TCFD宣言の企業より、サプライチェーンにおいて、仕入先選別②炭素税や賦課金により、競争優位性が拡がる	(脅威記入）＊機会の逆となる要素 記入例）①仕入先選別から落とされる②炭素税や賦課金の負担が自社の営業利益に影響を及ぼす
内部環境	Strength 自社の強み	(強み記入）＊活かせる強み（ヒト、モノ、カネ、技術、サービス、顧客等） 記入例）①既存顧客のプライム企業②自社で取り組んだ脱炭素化によって、顧客にもメリットあり	強みを活かして、機会を最大限に利用する為に何をするか？ 記入例）①プライム企業の顧客に対して、自社のSCOPE状況を報告と今後の貢献方法について、要望前に提案して、取引の維持②現取引の無いプライム企業への新規開拓	自社の強みを活かして脅威を回避して、勝つ為には？ 記入例）①TCFD宣言の企業より、サプライチェーンにおいて、仕入先選別②炭素税や賦課金により、競争優位性が拡がる
	Weakness 自社の弱み	(弱み記入）＊競合となる他社に比べ劣っている、不足しているもの 記入例）①競合に比べ、商品力とサービス力には課題②エリアと供給量での限界あり	機会での弱みによる影響を克服すべき補完、補充、改善すべきこと 記入例）①顧客毎に製造工程別に測定を行い、個別要求事項に対応できるようにする②改めて顧客の選別を行い、優先すべき顧客との付き合いと、そうでない顧客との設定にて、方針を具体化する	想定される最悪の事態を回避する為には？ 記入例）①各社の動向を把握して、目指すべき数値達成の為の工程改善②自社での脱炭素経営を進め、可能な限りのコスト改善を図る

出所）（株）船井総合研究所作成

環境を整理してみてください。

経営戦略における外部環境の変化は全ての企業に関係しており、これまでの戦略についても転換が避けられなくなってきています。全ての企業の事業や商売だけでなく、経営全般に影響すると言っても良いでしょう。

（3）取り組みが社内組織に影響を及ぼすのか？

脱炭素に取り組むことが、社内と社員にとっての負担となることを懸念される経営者の方も多いと思われます。「また何かやらされる」「また仕事が増える」「儲からないことをする」とネガティブな意見が出ることが想定され、二の足を踏んでしまうこともあるかもしれません。

しかしマイナスの意見やネガティブ発想を気にして、本当に良い企業になれるのでしょうか。「自社は、まだそのレベルなので」と現状を肯定することは、言い訳にしかなりません。弊社の創業者、船井幸雄は成功の３条件として「素直」「プラス発想」「勉強好き」を唱えていましたが、そのひとつである「プラス発想」とは程遠いものです。

まず自社のネガティブ思考に囚われることなく、プラス発想の人たちに目を当ててください。どのような企業でも、組織内には必ず、プラス発想の人が最低一人はいるはずです。経営者がまず、その一人として先頭にいます。いなければその企業は存続していないからです。

そして、他にもそのような「素直」「プラス発想」「勉強好き」の社員が増えることを、経営者は望んでいるのではないでしょうか。

何のために働くのか？　働く価値のスタートは、マズローの欲求階層からも「生理的欲求」を満たすことからです。食べるために働かねばならない、いわゆる「生活のため」に働くのです。

そして、欲求段階が「安全」「所属」「尊敬」「自己実現」へと昇華していく際には、自らの自己実現が会社の自己実現と一体化していくタイミングが存在しています。社会の中で、他とは違う企業でありたい、価値ある存在として認められ、求められる企業でありたい、その一員でいたいと、自らの自己実現が会社の自己実現になっていくのです。

それを願う社員と一緒に会社を前に進めることができれば、どれだけ楽しいことでしょうか。

それこそが脱炭素経営なのです。

脱炭素経営によって、社内の文化と採用力を変えることも可能なのです。企業成長とともに組織も成長していき、その組織成長が企業成長のスピードを確実に変えます。

今あるマイナスにばかり目を向けると、当然組織の成長スピードは上がっていきません。マイナスのフォローや育成に取り組むことについては、無駄ではありませんが、短所是正でしかないのです。

長所伸展とは、伸びるところに注力をするものです。伸びるところ、

図1-1　マズローの欲求5階層

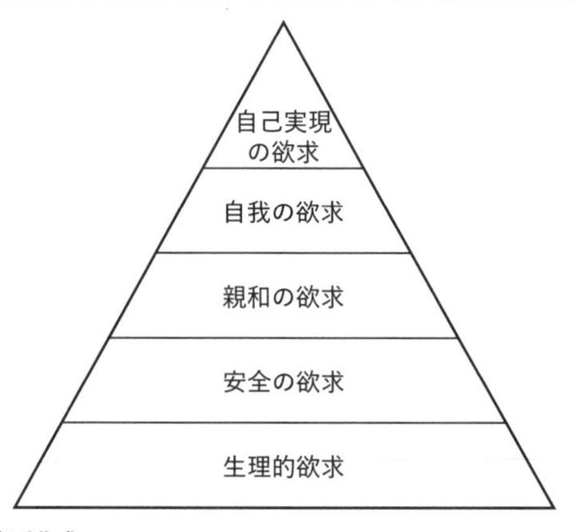

出所）（株）船井総合研究所作成

「素直」「プラス発想」「勉強好き」で考える社員を脱炭素経営で後押ししてあげれば、それに影響される社員も必ず増えていき、そしてそれが優秀な人材の採用力をも高めていきます。「このような会社で、このような組織で働きたい」という会社になることこそが、これからの採用難の時代にあって、必ず目指すべき姿となっていきます。

社内の文化や組織、採用状況を変えたければ、脱炭素こそが最善の手段でもあるのです。

（4）収益に貢献するのか？

脱炭素経営こそ儲けなければなりません。儲からない脱炭素経営をしてはなりません。

脱炭素経営については、多くの方がその収益性に疑問を持つと思います。工数や手間を踏まえてもコストアップであり、収益面ではマイナスだと感じるのではないでしょうか。

しかし前述の通り、マーケティング面での収益性向上のチャンスとともに、内部コスト削減の側面も脱炭素経営にはあります。

原価を見ていくと、業種の違いはあれど、エネルギーコストは無視できないものだと思います。無駄遣いを減らしてエネルギーコストを低減させることも、脱炭素経営には含まれています。

あるいは、化石燃料由来のエネルギーではなく、再生可能エネルギーの使用はコストアップなのではないか、と言われれば、必ずしもそうではないのではないでしょうか。かつてはその印象も強かったですが、**コストダウンの事例も多く生まれてきているのが事実です**（電気の使用頻度や使用量に応じてその効果は違いますが）。

かつての高度経済成長期においては、経済は大量生産・大量消費で回っていく仕組みでした。大量生産で規模の経済性を働かせ、一点当たりの原価を下げることで、ロスが出てもやむなしとする考え方です。しかし、脱炭素時代にあっては、ロスのもたらす環境への影響が問題になるため、適量生産・適量消費となり、無駄がなくなります。

一見原価が高くなるように見えますが、不良在庫を処分するコストが低下するため、確実にコストダウンになっていくのです。これまでの原価低減手法の考え方は、生産性や効率性での無駄排除が中心ではありましたが、それに脱炭素が加わっていくことは間違いありません。その際にも、コストダウン思考は変わらないのです。

このように内的要素とマーケティング面での外的要素によって、脱炭素経営こそ儲かるものになっていくことでしょう。

（5）地域に貢献できるのか？

脱炭素経営こそ地域密着となっていきます。全国の地方自治体はゼロカーボン（カーボンニュートラル）を迫られており、2050年までに二酸化炭素実質排出量ゼロにすることを目指す「**ゼロカーボンシティ宣言**」をした自治体の数は、2022年10月31日現在で797自治体、表明自治体総人口約1億1933万人となり、総人口に占める割合は94.6％となりました。

政府は2021年６月「国・地方脱炭素実現会議」において、2050年の脱炭素社会実現に向けた工程表をまとめました。その中で今後5年間に政策を総動員し、人材や資金、技術、情報面から自治体を積極的に支援することで、2030年度までに少なくとも100カ所の「**脱炭素先行地域**」をつくる方針を打ち出しました。工程表で、国は地域に根差した再生可能エネルギーの導入推進を重点対策に選定し、様々な支援メニューも用意しています（国・地方脱炭素実現会議「地域脱炭素ロードマップ～地方からはじまる、次の時代への移行戦略～」令和３年６月９日　P4)。

すでに先行している地域では、自治体と大企業、地域の有力企業とが連携して、地域での地産地消電源の導入等、民間活用の事例が多く見受けられます。

多くの自治体が、地域に根差すゼロカーボン自治体となるために、企業に連携を求めています。

各自治体も目指すべき形を模索しているなかで、民間の経営資源は必ず役に立つものとなることでしょう。

つまり、地域貢献こそがビジネス的側面においても大いに役立つものとなっていくのです。

2 脱炭素経営の概要

（1）脱炭素経営によって期待されるメリット

環境省は、脱炭素経営によって期待されるメリットとして以下の５つを示しています（環境省「中小規模事業者のための脱炭素経営ハンドブック－温室効果ガス削減目標を達成するために－」p.5-7）。

①優位性の構築
②光熱費・燃料費の低減
③知名度と認知度向上
④社員のモチベーション向上や人材獲得力の強化
⑤新たな機会の創出に向けた資金調達において有利

一方、船井総合研究所では中堅・中小企業が脱炭素経営に取り組むポイントとして、次のように捉えています。

①脱炭素経営こそ中堅・中小企業のビジネスチャンス
②脱炭素経営は儲からなければいけない
③脱炭素経営が組織を強くする
④脱炭素経営こそマーケティングを意識しなければならない
⑤脱炭素経営こそ地域貢献となる
⑥脱炭素経営が企業ビジョンとなる

すなわち、取り組みにメリットがなければならないのです。以下で詳しく見ていきましょう。

（2）脱炭素経営で儲ける２つの視点

脱炭素経営で儲けるためには、①マーケティング、②コスト削減、と２つの視点が必要になります。そして２つに共通していることは、「情報量の乗数」で価値が決まる、ということです。これまでの環境ビジネスにおいては、法的規制こそが転換点であり、それに向けた成長期での参入や取り組みがあったことと思います。

しかし、脱炭素市場は欧州をはじめ先行しているプレイヤーも多く、そのルールと規制が目まぐるしく変化をしていきます。特にGXに代表されるような、水素の活用やCCUS（Carbon dioxide Capture, Utilization and Storage：二酸化炭素回収・有効利用・貯留）等の技術開発は目まぐるしく、市場環境の変化はDX同様に素早いと言っても過言ではないでしょう。だからこそ、**常に情報のアンテナを相当張り上げておく必要があります。**しかしこれは、どのビジネスでも同様であり、アフターコロナ、ウィズコロナの現在においては、過去の常識やルール等、「当たり前」が覆された状況でもあります。

このように、時流適応がいかなる時においても重要な視点となってきていますが、とりわけ脱炭素時代での時流適応のマーケティングとコスト削減が必要な時代へとなっています。これまでの常識や当たり前を見直し、これからの時代に備えた「儲け」の仕組みが必要となるのです。

「①マーケティング」については本章後半の「４　脱炭素のビジネスチャンスを活かす」、「②コスト削減」については「５　脱炭素経営でコストを削減する」で詳しく見ていきたいと思います。

（3）中堅・中小企業の脱炭素経営ステップ

では、中堅・中小企業が脱炭素経営を実現していくためには、どのようなプロセスで進めていけばよいのか、以下で図表にあわせて詳しく見ていきましょう。

①STEP 0：脱炭素・気候変動に取り組む意識理解・目的設定

今や、テレビや新聞、雑誌に加えてインターネットなどで幅広く情報が入手できる時代となっており、必要な情報を精査することが重要になっています。「カーボンニュートラル」や「脱炭素」、「GX」などの単語も各種媒体に溢れ、さらに世界レベルでルール変更や技術進行が早い市場であるがゆえに、情報への高い感度と精査が求められます。

しかし、自社エリアや業界の他社事例となると、情報入手も困難となることでしょう。また顧客側の動向から、近い将来に取り組みを求められることを想定しておく必要もあります。それゆえ、経営層がその情報収集の役割を担う必要があるのです。

経営層が自ら仕入れた情報から、自社と脱炭素のあり方について方向性を定める必要があります。取り組みの意義と目的、そしてそれと自社のビジョンやパーパスとの関連性を明確に示す必要があります。**脱炭素経営のスタートは、経営層が脱炭素ビジョンを定めることからです。**その真剣度が成果に比例すると言っても過言ではないでしょう。

②STEP 1：現状のCO_2排出量の算定

脱炭素経営に取り組もうとしても、自社のCO_2排出量を把握していない企業が、まだまだ多いと思います。**まずは人が健康診断をおこなうように、自社の実態を知ることが必要となります。**

排出量算定には、国際的な温室効果ガス排出量の算定・報告の基準である「温室効果ガスプロトコルイニシアティブ（GHGプロトコルイニシアティブ：Greenhouse Gas Protocol Initiative）」の中で設けられている排出量の区分となるScope別に算定をしなければなりません。GHGプロトコルは、1998年に世界環境経済人評議会と世界資源研究所によって設立され、事業者、NGO、政府機関といった複数の利害関係者の協力によって作成され、GHG排出量の算定と報告に関する情報元として提供されています。

GHGプロトコルでは、１つの企業で排出されたGHG排出量（直接排出）だけではなくサプライチェーン（原材料や部品の調達・製造といった上流の過程から、販売や廃棄などの下流の過程を含めた供給の連鎖）での排出量（間接排出）も重視しており、Scopeという考え方を使用しています。Scopeとは、国際的な温室効果ガス排出量の算定・報告の基準である「温室効果ガス（GHG）プロトコル」の中で設けられている排出量の区分を示すもので、Scope1排出量（事業者自らによる温室効果ガスの直接排出（燃料の燃焼、工業プロセス））+Scope2排出量（他社から供給された電気、熱・蒸気の使用に伴う間接排出）+Scope3排出量（Scope1、Scope2以外の間接排出（事業者の活動に関連する他社の排出））

図1-2　Scope1～3の概略

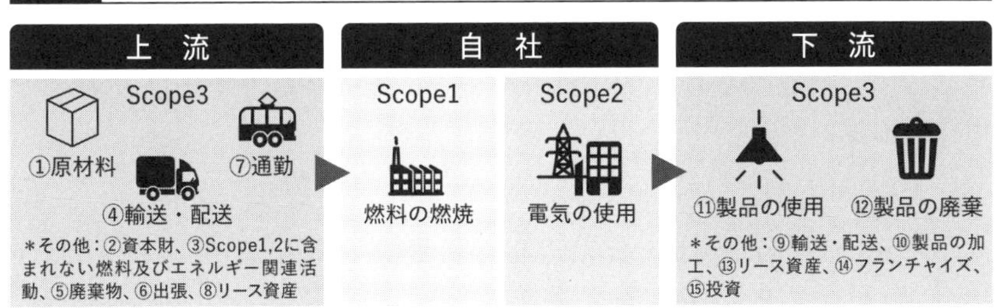

出所）環境省 グリーン・バリューチェーンプラットフォーム
https://www.env.go.jp/earth/ondanka/supply_chain/gvc/supply_chain.html

表1-2　Scope3の15カテゴリー

Scope3カテゴリ		該当する活動（例）
1	購入した製品・サービス	原材料の調達、パッケージングの外部委託、消耗品の調達
2	資本財	生産設備の増設（複数年にわたり建設・製造されている場合には、建設・製造が終了した最終年に計上）
3	Scope1,2に含まれない燃料及びエネルギー活動	調達している燃料の上流工程（採掘、精製等）
		調達している電力の上流工程（発電に使用する燃料の採掘、精製等）
4	輸送、配送（上流）	調達物流、横持物流、出荷物流（自社が荷主）
5	事業から出る廃棄物	廃棄物（有価のものは除く）の自社以外での輸送、処理
6	出張	従業員の出張
7	雇用者の通勤	従業員の通勤
8	リース資産（上流）	自社が賃借しているリース資産の稼働
		（算定・報告・公表制度では、Scope1,2 に計上するため、該当なしのケースが大半）
9	輸送、配送（下流）	出荷輸送（自社が荷主の輸送以降）、倉庫での保管、小売店での販売
10	販売した製品の加工	事業者による中間製品の加工
11	販売した製品の使用	使用者による製品の使用
12	販売した製品の廃棄	使用者による製品の廃棄時の輸送、処理
13	リース資産（下流）	自社が賃貸事業者として所有し、他者に賃貸しているリース資産の稼働
14	フランチャイズ	自社が主宰するフランチャイズの加盟者のScope1,2 に該当する活動
15	投資	株式投資、債券投資、プロジェクトファイナンスなどの運用
その他（任意）		従業員や消費者の日常生活

出所）環境省 グリーン・バリューチェーンプラットフォーム
https://www.env.go.jp/earth/ondanka/supply_chain/gvc/supply_chain.html

をサプライチェーン排出量としています。Scope3は該当する活動が15のカテゴリに分類されます（**表1-2**）。その公開ツールとして企業が活用するのは、

・Corporate Accounting and Reporting Standards (Corporate Standard)：主に企業自身からのGHG排出量を対象とする算定・報告基準

・Corporate Value Chain (Scope3) Accounting and Reporting Standard（以下、Scope3基準）：上流から下流までの、バリューチェーン全体のGHG排出量を対象とする算定・報告基準

となります。

③STEP２：CO_2排出量削減ポテンシャルの把握

中堅・中小企業にとって、その影響度からも先ず取り組むべき測定はScope1,2になるのですが、その削減ポテンシャルを概算で算出していきます。しかし、これまでも削減するために多くの取り組みをしてきた企業にとっては、言わば「乾いた雑巾を絞る」程のことになっていると思います。

削減の取り組みには投資対効果の障壁があり、達成できるCO_2排出削減量とそれに掛かるコストの関係、つまり**限界排出削減コストカーブ**ではないでしょうか。多くの取り組みのなかで、以下のものが不足しています。

通常業務の繁忙さゆえの、省エネルギー推進や対策実施の「意識不足」、新たな技術の導入効果やコスト、具体的な設備仕様等に関する「情報不足」、社内で省エネルギーへの取り組みの検討と実施をする為の「人員不足」、生産及び開発等の投資案件との兼ね合いで後回しとなる「投資の優先度」の低さ、省エネルギーよりも優先すべき課題がある「課題優先度」の低さ、担当者の「社内影響力」の低さ、経済と経営の将来の不透明さからくる「将来の不確実性」の高さ、新技術や設備導入の為の既存設備に対する「操業への影響性」の大きさ、導入時の生産設備や品質面への悪影響に関する「技術の適用可能性」の広さなど、考慮すべき阻害要因があります。

これらはそれぞれに現場レベルで当然に起こる事象だと思います。しかしこれらの阻害要因を打破するには、経営陣が内容を理解するとともに、経営の優先的課題として解決策を講じられるか次第となります。脱炭素経営とは、経営のなかにおいて、これらの優先度を上げることにあります。

詳しくは第Ⅱ部第４章「ポテンシャル把握」をお読みください。

④STEP３：CO_2排出量削減戦略の策定（ロードマップ策定）

経済産業省でも2050年の「ビヨンド・ゼロ」実現を目指して、世界のカーボンニュートラルだけでなく、過去に排出されたCO_2の削減に対する革新的技術を後押しするためのロードマップを策定しています（経済産業省「ビヨンド・ゼロ」実現までのロードマップ　https://www.meti.go.jp/policy/energy_environment/global_warming/roadmap/index.html）。**企業も当然ながら、削減に対するロードマップを描かなければなりません。**2050年へと続く2030年、その中間地点での定量的な削減目標と取り組みを示していく必要があります。詳しくは第Ⅱ部第５章「脱炭素ロードマップの策定」をお読みください。

⑤STEP４：CO_2排出量削減施策の実行

構築した戦略を基に、各種施策への取り組みを進めていきます。年次及び月次目標に対する推進状況を可視化していき、修正や改善を進めながら目標を達成させていきます。詳しくは第Ⅱ部第６章「脱炭素施策の実行」をお読みください。

⑥STEP５：環境レポート作成･ステークホルダーへの共有

環境報告書、サスティブナブルレポート、統合報告書を作成し、サプ

表1-3　脱炭素経営の取り組みSTEP

区分	STEP	内容
自社削減活動	STEP0	**脱炭素・気候変動対策に取り組む意義理解・目的設定** まずは、経営陣が脱炭素・気候変動対策に取り組む意義を理解し、会社全体で取り組む目的を設定および整理していきます。脱炭素経営は、経営陣がコミットすることが必要です。
自社削減活動	STEP1	**現状のCO_2排出量の算定** 現状の排出量を把握することがスタートです。Scope1、2（必要に応じてScope3）において、どの部分の排出量が多いのかを感覚ではなく、実際に数値化することで可視化します。
自社削減活動	STEP2	**CO_2排出量削減ポテンシャルの把握** Scope1、2の削減ポテンシャルを概算で算出していきます。自社努力では削減できないものや中長期的に削減を考える必要があるものも存在します。
自社削減活動	STEP3	**CO_2排出量削減戦略の策定（ロードマップ策定）** 2030年、2040年、2050年に向けた排出量の削減目標を立てて、かつ、実行の戦略を構築していきます。国際イニシアティブへの加盟や環境報告書での情報開示も視野に入れた戦略が大切です。
自社削減活動	STEP4	**CO_2排出量削減施策の実行** 構築した戦略を基に施策を実行していきます。年次目標、月次目標に対する推進状況を可視化し、様々な削減手法に取り組みながら推進していくことが大切です。最後は環境価値で調整。
外部開示	STEP5	**環境レポート作成・ステークホルダーへの共有** 環境報告書、サスティブナブルレポートを作成し、サプライチェーン、バリューチェーン上のステークホルダー、金融機関へ自社の取り組みを共有していきます。また、WEBサイト等で消費者への共有もおこなっていきます。

出所）（株）船井総合研究所作成

ライチェーン、バリューチェーン上のステークホルダー、金融機関へ自社の取り組みを共有していきます。また、WEBサイト等で消費者への共有もおこなっていきます。詳しくは第Ⅱ部第７章「ステークホルダーへの情報開示」をお読みください。

3 巨大市場のGX「脱炭素マーケット」

（1）GX（グリーントランスフォーメーション）

先に出てきたGX（グリーントランスフォーメーション）について解説します。**GXとは、2050年カーボンニュートラルや、2030年の国としての温室効果ガス排出削減目標の達成に向けた取り組みを経済の成長の機会と捉え、排出削減と産業競争力の向上の実現に向けて、経済社会システム全体を変革していくこととされています。**

これまでに見られたいわゆる「環境に良いこと」については、コストアップにも繋がりやすい認識が多分にありました。モノづくりの技術が高まった結果、リサイクル製造品よりも安くて良いものが手に入るようになり、環境に良いだけでは売れなくなっていきました。

脱炭素という言葉には、究極的には何もしないこと、経済を縮小させること、とネガティブなイメージも潜んでいます。しかし、この課題を機会として捉えることこそ、GXです。カーボンニュートラルのために必要とされる技術が市場を開拓し、また国内だけでなく世界にも広がっていき、経済と環境および社会の好循環に繋がっていくことでしょう。

企業の意識と行動変化とともに、消費者の意識と行動変化が同時に生成されていくことがGXの実現にもなると期待されます。

（2）グリーン成長戦略（経済産業省）

前述のGX（グリーントランスフォーメーション）というキーワードが出てきた経緯について、改めて説明します。

2020年10月、当時の菅義偉首相が、2050年カーボンニュートラル、脱炭素社会の実現を目指すことを宣言しました。これを踏まえ、経済産業省は同12月に関係省庁と連携して「**2050年カーボンニュートラルに伴うグリーン成長戦略**」を策定しています。

グリーン成長戦略とは、経済成長と環境保護を両立させ、「2050年までに温室効果ガスの排出を全体としてゼロにする」という、カーボンニュートラルにいち早く移行するために必要な経済社会システム全体の変革を意味する成長戦略のことを指しています。

今回のグリーン成長戦略では、14の重要分野ごとに高い目標を掲げた上で、現状の課題と今後の取り組みを明記し、予算、税、規制改革・標準化、国際連携など、あらゆる政策を盛り込んだ実行計画を策定しています（**表1-4**）。

全ての分野において、技術開発から社会実装と量産投資によるコスト

表1-4　グリーン成長戦略の14の重要分野

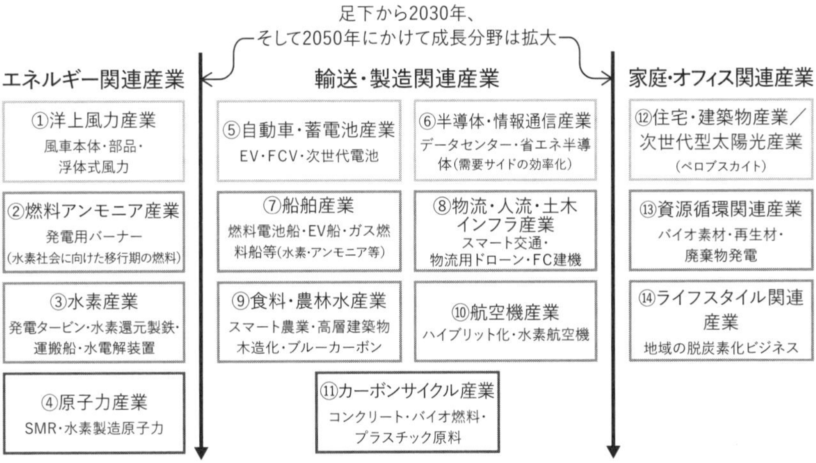

足下から2030年、
そして2050年にかけて成長分野は拡大

エネルギー関連産業	輸送・製造関連産業		家庭・オフィス関連産業
①洋上風力産業 風車本体・部品・浮体式風力	⑤自動車・蓄電池産業 EV・FCV・次世代電池	⑥半導体・情報通信産業 データセンター・省エネ半導体（需要サイドの効率化）	⑫住宅・建築物産業／次世代型太陽光産業 （ペロブスカイト）
②燃料アンモニア産業 発電用バーナー （水素社会に向けた移行期の燃料）	⑦船舶産業 燃料電池船・EV船・ガス燃料船等（水素・アンモニア等）	⑧物流・人流・土木インフラ産業 スマート交通・物流用ドローン・FC建機	⑬資源循環関連産業 バイオ素材・再生材・廃棄物発電
③水素産業 発電タービン・水素還元製鉄・運搬船・水電解装置	⑨食料・農林水産業 スマート農業・高層建築物木造化・ブルーカーボン	⑩航空機産業 ハイブリッド化・水素航空機	⑭ライフスタイル関連産業 地域の脱炭素化ビジネス
④原子力産業 SMR・水素製造原子力	⑪カーボンサイクル産業 コンクリート・バイオ燃料・プラスチック原料		

出所）経済産業省「2050年カーボンニュートラルに伴うグリーン成長戦略」（2020年12月）

低減を目指し、2030年で年額90兆円、2050年で年額190兆円程度の経済効果が見込まれると試算しています（経済産業省「2050年カーボンニュートラルに伴うグリーン成長戦略」p.2）。

（3）グリーン成長戦略での分野横断的主要政策ツール

グリーン成長戦略においては、企業の大胆な投資を後押しするために、企業のニーズに沿った支援策が必要です。そのため、2050年までの「工程表」で整理された、①研究開発、②実証、③導入拡大、④自立商用といった段階を意識して、それぞれの段階に最適な政策ツールを措置していく考えとなっています。具体的には、**表1-5**のような分野横断的な５つの主要政策ツールを打ち出しています。

表1-5　グリーン成長戦略での分野横断的主要政策ツール

①予算	ⅰ）NEDOにて10年間で2兆円の基金	重要なプロジェクトに対しては、官民で野心的且つ具体的目標達成に挑戦することをコミットした企業に対して、技術 開発から実証・社会実装まで一気通貫で支援を実施していきます。
	ⅱ）民のイノベーションを、官が規制及び制度面で支援	①電力のグリーン化＋電化（蓄電池、洋上風力、次世代太陽電池）、②熱・電力分野の水素化、③CO_2固定・再利用の分野（カーボンリサイクル）については、2050年カーボンニュートラル目標につながる意欲的な2030年目標を設定（性能・導入量・価格・CO_2削減率等）し、官が規制及び制度面で支援していきます。
	ⅲ）民間企業の研究開発・設備投資を誘発(15兆円)	政府の2兆円の予算を呼び水として、民間企業の研究開発・設備投資を誘発15兆円し、世界のESG資金3,000兆円も呼び込み、日本の将来の所得や雇用の創出に繋げていきます。
②税制	2030年迄に税制により1.7兆円の民間投資創出効果	野心的な目標に相応しい大胆な税制支援を措置。企業による短期・中長期のあらゆる脱炭素化投資が強力に後押しされることにより、10年間で約1.7兆円の民間投資創出効果を見込んでいます。
	ⅰ）カーボンニュートラルに向けた投資促進税制の創設	産業競争力強化法の計画認定制度に基づき、以下①②の設備導入に対して、最大10%の税額控除又は50%の特別償却を措置します（改正法施行から令和５年度末まで３年間)。①大きな脱炭素化効果を持つ製品の生産設備の導入(対象製品 化合物パワー半導体、燃料電池 、リチウムイオン電池、洋上風力発電設備 のうち一定のもの)。②生産工程等の脱炭素化と付加価値向上を両立する設備の導入事業所等の炭素生産性（付加価値額／二酸化炭素排出量）を相当程度向上させる計画に必要となるものを対象としています。
	ⅱ）経営改革に取り組む企業に対する繰越欠損金の控除上限を引き上げる特例の創設	新型コロナの影響等により欠損金を抱える事業者が、産業競争力強化法の計画認定制度に基づき、カーボンニュートラル実現等を含めた「新たな日常」に対応するための投資を行った場合、時限措置として欠損金の繰越控除の上限を、投資額の範囲で、50%から最大100%に引き上げていきます（コロナ禍で生じた欠損金が対象。控除上限引上げ期間は、最長５事業年度)。

②税制	iii）研究開発税制の拡充	2050年カーボンニュートラルの実現含め我が国経済の持続的な発展の基盤となるイノベーションの創出拡大のため、コロナ前に比べて売上金額が２％以上減少していても、なお積極的に試験研究費を増加させている企業については、研究開発税制の控除上限を法人税額の25%から30%までに引き上げます。
③金融	IEAの試算では、2050年パリ協定実現に世界で最大8,000兆円必要と試算されており、省エネ等の着実な低炭素化（トランジション）、脱炭素化に向けた革新的技術（イノベーション）へのファイナンスが必要になります。	
	ｉ）トランジション・ファイナンス	着実な低炭素化に向け、移行段階に必要な技術に対して資金供給するという考え方により、10年以上の長期的な事業計画の認定を受けた事業者に対して、その計画実現のための長期資金供給の仕組みと、成果連動型の利子補給制度（３年間で１兆円の融資規模）を創設し、事業者による長期間にわたるトランジションの取組を推進していきます。
	ii）イノベーション・ファイナンス	投資家向けに脱炭素化イノベーションに取り組む企業の見える化として、経産省はゼロエミ・チャレンジ企業と位置づけ、2021年10月現在623社が公表されており、投資家への訴求を行っています。
	iii）リスクマネー支援	洋上風力等の再エネ事業や低燃費技術の活用、次世代型蓄電池事業等の取組に対して支援。DBJ（日本政策投資銀行）の特定投資業務の一環として「グリーン投資促進ファンド」を創設します（事業規模800億円）。
	iv）情報開示	TCFDを企業の脱炭素化に向けた取組にファイナンスを促す共通基盤。開示の義務化について、日本は既に温対法の報告義務を措置済み。今後、TCFDの位置づけを明確化していきます。
	ｖ）ESG関連民間資金	世界全体で総額3,000兆円、国内で約300兆円と、国内では３年で６倍に増加。３大メガバンクの環境融資目標約30兆円も含め、カーボンニュートラルに向けた取組にこうしたESG資金を取り込んでいきます。
	vi）その他の環境整備	国内外の成長資金が、カーボンニュートラルの実現に貢献する高い技術・潜在力を有した日本企業の取組に活用されるよう、金融機関や金融資本市場が適切に機能を発揮するような環境整備をしていきます。グリーン成長戦略の実行を後押しする金融機関の協力体制（政策金融との連携強化を含む）、金融資本市場を通じた投資家への投資機会の提供（社債市場の活性化等により、カーボンニュートラル社会に貢献する投資機会とその収益を、幅広く国民へ供）、ソーシャルボンド（社会的課題解決に資するプロジェクトの資金調達のために発行される債券）を円滑に発行できる環境の整備（企業等が発行に当たって参照でき、証券会社等が安心してサポートできる実務指針の策定をしていきます。
④規制改革・標準化	実証フェーズの後に、i）新技術の需要を創出するような規制の強化、(新技術を想定していない不合理な規制を緩和、(新技術を世界で活用しやすくするよう国際標準化に取り組み、需要を拡大し、量産投資を通じて価格低減を図っていきます。	
⑤カーボンプライシング	市場メカニズムを用いる経済的手法（カーボンプライシング等）は、産業の競争力強化やイノベーション、投資促進につながるよう、成長戦略に資するものについて、既存制度の強化や対象の拡充、更には新たな制度を含め、躊躇なく取り組んでいきます。	
	ｉ）クレジット取引	政府が上限を決める排出量取引は、経済成長を踏まえた排出量の割当方法などが課題としている。日本でも民間企業がESG投資を呼び込むためにカーボンフリー電気を調達する動きに併せ、小売電気事業者に一定比率以上のカーボンフリー電源の調達を義務づけた上で、カーボンフリー価値の取引市場や、Jクレジットによる取引市場を整備します（更なる強化を検討）。また、カーボンフリー価値として、再エネ・原子力だけでなく、水素を対象追加することを検討していき、。カーボンフリー価値を最終需要家が調達しやすくなるよう、取引市場の在り方を総点検していきます。
	ii）炭素税	成長戦略の趣旨との関係や、公平性、排出抑制効果などの課題が存在しています。現在は、「地球温暖化対策のための税」を導入済だが、成長 戦略の趣旨に則った制度を設計しうるか、専門的・技術的な議論が必要としています。
	iii）国境調整措置	2050年カーボンニュートラルの実現を進める上では、内外一体の産業政策の視点が不可欠。国内市場のみならず、新興国等の海外市場を獲得し、スケールメリットを活かしたコスト削減を通じて国内産業の競争力を強化。併せて直接投資、M&Aを通じ、海外の資金、技術、販路、経営を取り込んでいきます。米国・欧州との間で、イノベーション政策における連携、第三国支援を含む個別プロジェクトの推進、要素技術の標準化、ルールメイキングに取り組むための連携を強化。新興国との間では、より現実的なアプローチで脱炭素化へのコミットメントを促す観点から、脱炭素化に向けた幅広いソリューションを提示していきます。また、市場獲得の観点も踏まえて、二国間及び多国間の協力を進めていきます。

出所）経済産業省「2050年カーボンニュートラルに伴うグリーン成長戦略」（2020年12月）

4 脱炭素のビジネスチャンスを活かす

（1）ライフサイクルから読み解く

まず、**脱炭素とは、約束された市場であること、このことを再認識する必要があります。**世界はもちろん、国内においても政策的な取り組みが進められており、さらに今後も加速していきます。

新規事業の原則として、市場拡大するものにタイミングよく参入していくことが重要とされています。しかし残念なことに、機を逸するだけでなく、減少市場への参入も多いものです。

勘や得意なものから、あるいは自社でできそうなものからスタートしても、それが市場縮小するものではたとえ力を持っている企業であっても、最大限の努力があっても事業の成長は難しくなるものです。それが**市場拡大する分野であるならば、たとえ自社が力を持っていなくても、需要拡大に対する供給不足によって、事業の拡大は見込めます。**

これはビジネスや業態、商品に共通する、時流認識とされるライフサイクルであり、マーケティングの原理原則のひとつでもあります。

商品や企業のライフサイクルは、大きく「導入期」「成長期」「ピーク・展開期（成熟期）」「移行期」「安定期」という５つの時期に分けられます。

どんな商品・サービス・業態でも、導入期から始まり、徐々に普及し、やがて成長期に入り、マーケットが拡大していきます。転換点である成熟期を迎え、需要と供給が逆転し、供給過剰になり、多くはディスカウントが始まり、移行期に入り、やがて淘汰され安定期に入る、という曲線を描きます。

表1-6　脱炭素を含めた環境ビジネスのライフサイクル

ライフサイクル曲線			転換点		
ライフサイクル	導入期	成長期	成熟期	移行期	安定期
市場状況	環境に関する問題が発見・発覚	先進企業による自主対応（コスト増）	法規制	供給過多から価格低下となり、ビジネス撤退が増加	必要最低限の需給バランス化
市場形成	市場内に問題意識形成 啓発活動	法規制の方向性が生まれ、市場形成が進む	必須となり各社対応となり、市場が最大化	市場の減少が続く	最低限となり、新たなる代替市場に引き継がれていく
参入企業	需要少ないが差別化は可能	市場拡大に比例しえて参入企業増	法規制を頂点に参入企業最大となり、転換点とともに価格下落と撤退が始まる	ビジネス面での収益性低下 ビジネス参入者の撤退企業が続く	シェアトップ群と地域密着型の2極化
ビジネス形態	独自型	システム構築 提携・連携	大手資本・グループ化	細分化された特化型が増える	必要最低限と無料化も進む

出所）（株）船井総合研究所作成

マクロに捉えると、**表1-6**の通り脱炭素を含めた環境ビジネスのライフサイクルが存在しています。

環境ビジネスでは法規制がポイントになってきます。それは環境問題が市場にも広く一般的に認識され、その対応が必要と迫られた際に法整備や規制がおこなわれていくのです。ビジネスの成長期は、その法規制前までとなります。

企業各社が自主対応している際はコストでありながら、社会的責任として取り組んでいるものです。導入期の需要は先進企業、リーディングカンパニーに限定されていることでしょう。しかし法規制等が準備されるにつれ、中堅企業や中小企業にもニーズが拡大されていきます。

もちろん、その需要に対して参入企業も増加していき、参入企業が最大となった瞬間に価格の下落が始まっていきます。そこで収益性が落ちはじめ、撤退企業も増えていくのです。そして分野特化等の業態が生まれていきますが、最終的に必要最低限に収まり、安定期へと繋がっていくのです。

脱炭素としてマクロに捉えてみると、「2030年まで」と「2050年まで」の２段階のライフサイクルが想定されます。ただ、これではビジネス視点においては大分類になりすぎており、自社のビジネス展開では判断がし難くなってしまいます。

前述の「2050年カーボンニュートラルに伴うグリーン成長戦略」だけでも14の重点分野があり、その中でもテーマが多岐にわたっています。そしてそれぞれにロードマップが策定されており、技術開発と市場の整備も進んでいます。自社を取り巻く環境への影響度はもちろんのことながら、ビジネス展開としての可能性を考えていただければと思います。

（2）脱炭素マーケティング

本書の読者の皆様は、様々な業種で規模やエリアも様々だと思われます。脱炭素をビジネスチャンスとして捉える際には、当然ながらマーケティング発想が必要であり、自社の力と周囲の環境は気を付けて見ていかなければなりません。

脱炭素市場の形成は、産業革命のように新たな市場がプラスで生まれるのではなく、既存の市場から代替されて形成されます。市場が代替される理由は、購入活動で重視される価値が変化していくためです。そうして、既存市場の全てが脱炭素化されていくと言っても過言ではありません。裏を返せば、脱炭素化されない商品やサービスは取り残されていくとも言えるでしょう（**図1-3**）。

脱炭素マーケティングでは、**表1-7**の通り、UCバークレー校ビジネススクールのデビッド・J・ティース教授が唱えた経営戦略論である「Dynamic Capability」の視点で「付加価値」の定義の変化を能動的に

図1-3　脱炭素市場の形成

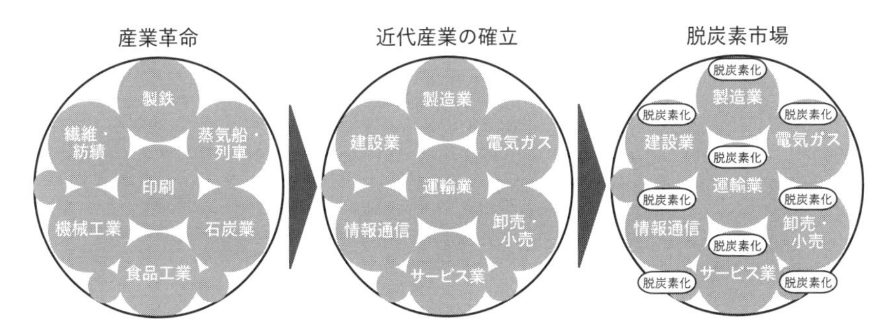

出所）（株）船井総合研究所作成

設計・取り込み持続的な成長を実現させること、また「付加価値」の定義の変化を、能動的に設計・取り込み、持続的な成長を実現させる「Dynamic Creativity」の視点、そして従来産業が脱炭素トレンドで受ける影響を総合的に捉える必要があります。

脱炭素とマーケティングをすぐに結び付けて考えることができない方も多いと思います。しかし、**マーケティングの大前提として時流適応があります。**現在の時流とこれから想定される時流に対して、自社の事業としての商品やサービスの開発もおこなわれますので、それをいかにして顧客に届けるか、でもあります。

脱炭素という変化の約束された市場があるならば、そこでの事業機会を検討することも当然のこととなるでしょう。市場の現状、そしてこれから広がる課題解決の法規制やルールを正しい情報で捉え、ビジネスチャンスに挑んでいきましょう。

表1-7　グリーン成長戦略における重要な視点

Dynamic Capability	・付加価値の高い製品・サービスを追求し、足元の競争力を強化 ・「脅威・機会の感知」「機会を補足して、資源を再構成・再結合し、競争優位を獲得」する3要素が必要となる ⇨既存事業の高付加価値化・利益率向上、市場の変化への対応力向上等により、足元の競争力を強化することが重要となる
Dynamic Creativity	・「付加価値」の定義の変化を、能動的に設計・取り込み、持続的な成長を実現 ⇒脱炭素は、産学官金が能動的に進めてきたトレンドであり、変化の方向性・時間軸などに不確実性がある為に、能動的に変化を取り込む形で関与すること、さらには次なる変化を能動的に設計することで成長が実現される可能性がある
従来の産業	・脱炭素は製造プロセスを規定、これまで届けてきた商品の価値（利便性等）に直接的な変化はない ・エネルギーコストが諸外国と比べて高いわが国において、既存の稼ぐ力に強く影響 一方で、産学官金が能動的に進めてきたトレンド、不確実性の高さを、成長に取り込める可能性

出所）経済産業省「グリーンエネルギー戦略　中間整理　2022年5月19日」

5 脱炭素経営でコストを削減する

（1）中堅・中小企業の脱炭素経営は省エネから

自社排出量測定、そして中長期の削減目標と計画策定がスタートとなりますが、中堅・中小企業の取り組みとしては、まずは省エネから取り組まれてはいかがでしょうか。

その理由はすぐに効果が表れ、コストダウンに直結するからでもあります。脱炭素は儲からない、という意識を社内から払拭させるためにも、即時業績向上の要素が不可欠となってくるのです。

一方で、すでに省エネに取り組んできており、やりつくした感のある会社もあるかもしれません。照明、空調、熱源機器の見直しをするなど、各種機器のエネルギー効率改善と需要削減に取り組んでおり、改めて検討する部分が見当たらないと感じている場合もあるでしょう。

しかし、です。我々、船井総合研究所でも2008年から現在まで、全国35都道府県の製造業（従業員30名～３万人規模、中心値100名～200名）累計850社以上（2021年９月現在）の省エネ診断とコスト削減提案及び設備導入提案を実施してきましたが、**コスト削減余地が無い会社はほとんど見受けられませんでした。**その認識の違いは以下の通り、省エネの捉え方の違いからくると考えられます。

（表1-8）

省エネの取り組み効果の違いは、会社の持つ情報量に比例してきます。メーカーの営業訪問による情報、各種展示会での情報、そしてインターネットを活用しての情報等も重要ではあるのですが、これだけでは

表1-8　先進企業が取り組む省エネの考え方

一般的な省エネの取り組み	船井総合研究所がご提案する省エネ
1．設備・機器を新型設備に丸ごと入れ替える（新型になれば、省エネは当たり前）	1．できる限り、**古い既存設備**を活かす、活用する
2．１の実施に大きな投資費用が掛かる	2．既存設備の**延命化・寿命UP**を狙う
3．投資回収が５年以上	3．既存設備の**効率・生産性をも上げる**
4．メーカーの売込だと「セールストーク」になり、見極めが困難	4．既存設備の**修繕費・補修費・メンテナンスコストを削減**する
	5．もちろん、**エネルギーコスト削減は当たり前**
	6．機器設備本体だけではなく、**配管（水・湯・蒸気・燃料・エア）、建屋を含めてトータルでの改善**を考える
	7．ちょっとした**アタッチメント**や**付加機器**を接続することで**小さな投資**で済むようにする
	8．大きな投資を求めず、**投資回収は３年**を目指す
	9．即導入ではなく、まずは、**無料お試し設置＆効果検証**からスタート
	10．**省エネを通して品質UP＆生産性UPを実現させる**

出所）（株）船井総合研究所作成

限定されている感も否めません。省エネ技術も進歩しており、高効率化するだけでも数年で大きな違いにもなってきます。

表1-9は、環境省発行の中小規模事業者のための脱炭素経営ハンドブックに掲載された「省エネ対策の例」です。これだけでもテーマは多岐にわたりますが、船井総合研究所の省エネ提案では、電気の省エネだと照明、空調、変圧器、ポンプ、コンプレッサー、ファン、ブロワー、電気炉、ヒーター、油圧機器、集塵機、工作機械、自家消費型太陽光等、燃料の省エネでは蒸気ボイラー、ガス炉、GHP、水・排水処理の省エネでは上水、下水、排水処理設備と多岐に渡り、加えて省エネ補助金、税制優遇、修繕コスト削減と広範囲となっています。

製造業の原価低減に終わりが無いのと同様に、省エネにも終わりはありません。まずは最新の情報入手と整理を進め、そしてコストはかけずともすぐに効果が出ることから取り組むことで、社内の意識を牽引していくことも重要と考えています。

表1-9　中小規模事業者の省エネ対策例

対策タイプ	実施対策例
運用改善	空調機のフィルター、コイル等の清掃
	空調・換気不要空間への空調・換気停止、運転時間短縮
	冷暖房設定温度・湿度の緩和
	コンプレッサーの吐出圧の低減
	配管の空気漏れ対策
	不要箇所・不要時間帯の消灯
部分更新・機能付加	空調室外機の放熱環境改善
	空調・換気のスケジュール運転・断続運転制御の導入
	窓の断熱性・遮熱性向上（フィルム、塗料、ガラス、ブラインド等）
	蒸気配管・蒸気バルブ・フランジ等の断熱強化
	照明制御機能（タイマー、センサー等）の追加
	ポンプ・ファン・ブロワーの流量・圧力調整（回転数制御等）
設備導入	高効率パッケージエアコンの導入
	適正容量の高効率コンプレッサーの導入
	LED照明の導入
	高効率誘導灯（LED等）の導入
	高効率変圧器の導入
	プレミアム効率モーター（IE3）等の導入

出所）環境省「中小規模事業者のための脱炭素経営ハンドブック」p.22

（2）再生可能エネルギー活用でのコストダウン

近年の電気料金の高騰が、原価負担として重くのし掛かる業種も多いことと思われます。一方で再生可能エネルギー電気の活用も、CO_2削減には繋がるもののコストアップは避けたいので積極的には踏み込みにくい、という印象をお持ちではないでしょうか。

しかし、流れとしては、まず省エネに取り組み、可能な限り電力量を減らした後、再生可能エネルギー電気活用によるコストダウンを計ります。

再生可能エネルギー100％電力による事業運営を目指す国際イニシアティブ・RE100の2020年年次報告書「RE100 Annual Progress and

Insights Report 2020」では、参加企業の99%が、再エネ調達のトリガーは温室効果ガスの削減とCSRと答え、92%の企業が顧客満足の向上、ほぼ70%の企業がコスト削減と回答しています。

そして調達手段には、自社の発電事業（オンサイト太陽光発電等）、サプライヤーとの契約、エネルギー属性証明書、PPA（電力購入契約）と続いています。しかし日本はと言えば、最も再エネ調達が困難な10ヶ国のなかに含まれており、高コストと認証手段の不足により調達手段が限定されていることが要因とされています。

まずは現在の電力契約について、最適な条件と価格になっているかを見直す必要があります。企業の電気活用には各社特徴があるので、企業側から動かないために最適な条件と価格にはなっていないままのケースが多く見られます。

自社電気使用の特徴をおさえ、電気使用状況やエリアと業種に適した電力会社活用の検討をしてください。最近ではWEB上での簡単なシミュレーションも可能となっており、比較検討もしやすくなっています。新たに活用すべき電力会社のシミュレーションが出揃った段階で、再エネ活用の検討を行いましょう。

第2章

脱炭素経営で中堅・中小企業はどう変わるか

1　脱炭素経営の取り組み状況

（1）脱炭素経営への取り組みの背景

すでに第1章でもお伝えした通り、現在は産業構造の転換点となっていることは、誰しも疑いようがないことだと思います。世界のグローバル化、急速な変化を創造するデジタル化、そして既存のサプライチェーンやバリューチェーン構造を引っ繰り返す、新たな業態参入による、いわゆるゲームチェンジが当たり前となっています。これに加わったものが「脱炭素」の潮流です。

各国のカーボンニュートラル宣言から、エネルギーインフラの転換、そして炭素税の導入によっては国境間のモノの流れのルールが変わりかねない不確実性が増しているわけです。つまり事業戦略上において、無視することができないテーマとして脱炭素が位置づけられています。

経営戦略としての視点では、BtoBとBtoCだけでなく、さらに細分化された業種、またエリアや規模によって変わってきます。

しかし共通しているポイントは、①自社を取り巻く環境内での社会課題解決、②既存事業の高付加価値化と利益率向上、③市場に合わせた組織体の構築、が必要とされています。そして最も重要なことは、外的要因による市場変化を受動的として、戦略も組織も変化が必要とされていることです。

（2）脱炭素経営への取り組み状況と類型

本執筆段階（2022年9月）での脱炭素経営への取り組み状況としては、別表（**表2-1**）のようにまとめることができます。いずれも解決すべき

表2-1 タイプ別脱炭素経営への取り組み状況

	課題	企業タイプ	具体的内容	重要度	緊急度	現在の対応	今後
リスク対応型	自社の競争優位性への影響	プライム上場企業	プライム維持の為にTCFD賛同 ESG経営の視点を重視	○	○	削減計画と具体的取り組みへ	サプライチェーン全体での削減
		スタンダード・グロース企業	ESGへの取り組みにも焦点	○	△	取り組み比率、温度感も費用も含め、低い	重要度が加速
		鉄鋼、化学、セメント等CO_2多量排出業種	負荷の少ない素材へ代替される 現在は少ない海外依存によるサプライチェーンの課題 税や罰金、制限や規制によるコスト増の恐れ	○	△	各産業別に、高付加価値型やカーボンリサイクル、CCUS開発等を進める	・化学産業の、炭素を循環させて付加価値を生み出すCN対応産業への再構築が必要。具体的には、①アンモニア燃焼型ナフサ分解炉（燃料転換）、②CO_2等からのプラスチック製造（原料転換）③プラスチックの高度再利用（原料循環）など次世代の製造技術 ・コンクリート市場では、「CO_2排出削減・有効利用」も付加価値となりつつあり、各国企業の開発・実証が加速。 ・鉄鋼では事業構造の変革に取り組み、生産プロセスの革新など大胆な投資が必要
		消費財を中心にBtoC業種	エシカル消費等の拡がりにより、消費者が離れる恐れ	○	△	企業ブランド、商品ブランド毎での開発が進み、ブランディング活用の拡がり	当初はコストアップだったことが、コストダウン型に進化をして、何もしない商品は市場シェアを失っていく
	コスト増リスク	エネルギー使用企業全て	・ロシアによるウクライナ侵攻や電力需給逼迫（G7のうち、わが国の一次エネルギー自給率は最も低い11%） ・供給力確保、電力ネットワーク整備等の課題 ・国際的な資源・エネルギー価格の高騰+円安の進行によるエネルギーコストの負担増 ・省エネ法による規制のもと、エネルギー多消費事業者の省エネはすでに相当程度進展。他方で、中小事業者については、全体として経済的に合理的な範囲で10%前後の省エネ余地があるが、知見・ノウハウや人材の不足等が課題で進んでいない	○	○	エネルギー基本計画においては、ロシアの軍事的台頭も念頭に置きながら、日本のエネルギー政策の原則として、3E+S（安全性(Safety)を大前提とし、自給率(Energy Security)、経済効率性(Economic Efficiency)、環境適合(Environment)）のバランスをとりながら、あらゆる可能性を排除せず、使える技術は全て使う方針	・エネルギー安定供給確保に万全を期し、その上で脱炭素の取り組みを加速 ・成長が期待される産業ごとの具体的な道筋、需要サイドのエネルギー転換、クリーンエネルギー中心の経済社会・産業構造の転換に向けた政策対応

表2-1　タイプ別脱炭素経営への取組状況（つづき）

	課題	企業タイプ	具体的内容	重要度	緊急度	現在の対応	今後
リスク対応型	人材採用	新卒採用企業	学生の就職活動の軸にも表面化	△	△	SDGsを掲げる 脱炭素への取り組みをPR	SDGsウォッシュはいなくなる（続かない） TCFDへの取り組み等学生の企業を見る指標が加わっていく
	株主提案	全上場企業	責任投資原則PRI（機関投資家の投資意思決定プロセスにESGの視点を反映させるべく、国連のイニシアティブで策定されたガイドライン）	△	△	上場企業全てが取り組めてはいない	重要度が急速に上昇
	政府からの規制	全ての企業	温対法による温室効果ガスの排出量に対する報告義務、排出量取引制度、炭素税	○	△	ルールの議論中	必ず導入される
ビジネスチャンス型	ブランド力	消費財を中心にBtoC業種	エシカル消費を取り込みたい	○	△	企業ブランド、商品ブランド毎での開発が進み、ブランディング活用の拡がり	当初はコストアップだったことが、コストダウン型に進化をして、何もしない商品は市場シェアを失っていく
		地域でのポジショニング	地域唯一となり、第一人者となれる（先行者メリット、優位性）	○	△	需給バランスにおいて供給不足となり、都市を中心に全国対応	地域型へ移行
	金融市場からの支援	取り組み企業全て	GFANZ（2050年CNを実現の加速を目指す民間金融機関の連盟でNZBAや他の金融機関連合を束ねている）、NZBA（2050年CNを実現するための具体的な道筋や進捗を定期的に公表することを約束する銀行の連合）を起点として、投資・融資の推進	△	△	メガ銀行を中心に、地銀上位行は自行での取り組みはもちろんのこと、商品展開をはじめ積極的に活動を続けている	地銀全般での取り組みへ
	政府からの支援	取り組み企業全て	補助金、金融支援、認定	△	△	ルールの議論中	随時
	商品・サービス開発	取り組み企業全て	Scope3対応、省エネコストダウン、求められる技術開発、排出量測定	○	○	Scope測定、TCFD対応、省エネエンジニアリング等では先行企業が優位となっている。水素、アンモニア、CCUS等も急ピッチで開発は進むが実用化までは先となる	総合型脱炭素サービス業態も生まれてくるが、その後に分野特化型へ移行されていき、ポジショニングが定まっていく。開発された技術での展開が始まっていく
	新規顧客開拓	取り組み企業全て	Scope3対応、省エネコストダウン、求められる技術開発、排出量測定	○	○	先行取組企業が優位中	一点突破の武器から、一気通貫型、専門型へ進化
理念・ビジョン型	社会にとって必要な企業となる為に	グレートカンパニー	ブレないビジョンのなかで、新たな社会課題解決として明確な取り組みの実施（数値化）	○	○	まだ数値化と削減の実現までは少数	脱炭素が経営課題の解決となる

出所）（株）船井総合研究所作成

課題があり、それへの対応として脱炭素経営に取り組む形ですが、その中でも**主要なものにはリスク対応型、ビジネスチャンス型のほか目指していきたい理念・ビジョン型が存在しています。**

①リスク対応型

現在、最も多いものがリスク対応型です。これは1章でも記載の通り、リスク対応をしなければならない企業や業種のライフサイクルから判断すると、導入期から成長期へ移行する時期に入っていることがわかります。

リスク対応と聞くとマイナスなイメージに感じやすいのですが、経営面で考えれば当然のことであり、「まさか」は許されるものではなく、その「まさか」を限りなく減らす為に準備をおこなう必要があります。「自社の競争優位性への影響」では、緊急性や重要性に差はあるものの、企業が当然に取り組まなければならないことです。

自社の競争優位性に影響を与えないことも、経営戦略面では当然のテーマとなります。**特に2021年頃から増えたものが、プライム市場上場のために必要なTCFD（気候関連財務情報開示タスクフォース）への取り組みでした。**それに伴い、スタンダード市場やグロース市場の企業での取り組みも拡がりつつあります。

これらの取り組みはESG視点のものでもあり、ステークホルダーに向けて取り組む必要性が増しています。そして、いわゆるCO_2多量排出業種と見られてしまう化学・鉄鋼・セメント等の業種でも対策への重要性が高く、自社での取り組みというよりも業界として取り組む必要性が大きく、その影響度から国としても技術開発を後押ししています。消費財に関しては、世界的展開企業ほど、取り組みスピードが早く、競争優位性について常に先行しています。

コスト増リスクへの対処では、ウクライナ危機に加え、止まらない円安傾向の影響もあり、エネルギーコスト増が企業収益に影響を与えています。資源エネルギー庁でも「3E+S」のエネルギー政策を中心として、安全性の「S」であるSafetyを前提とした、３つのEこと、Energy Security（自給率）、Economic Efficiency（経済効率性）、Environment（環境適合）を進めています。

しかし中堅・中小企業の現場レベルでは、中長期視点の重要さを認識しながらも、足許の危機的な課題が最重要でもあります。現在だけでなく、これからも続くエネルギーコスト増に対応するために、脱炭素を前提としない省エネ対応を求めています。2022年に新エネルギー各社の値上げから、エネルギーコストが相当の負担となっており、もはや企業努力では賄えない経営課題にもなっています。

各種素材の値上げと人件費高騰も重なり、原価低減がインフレ下では重点課題となっているのです。結果、省エネ機器や技術の導入についての意識は、これまで以上に高まっています。

他にも、人材採用面においての企業選定時、また責任投資原則（PRI）等による株主提案、そしてこれからルールが定まっていく報告義務や排出量取引、炭素税等政府からの各種規制へのリスク対応が必要になってきます。

②ビジネスチャンス型

ビジネスチャンス型も拡がりつつありますが、こちらはマーケティング視点が多く含まれています。マーケティングが、顧客の思考と嗜好と志向を読み取り、商品やサービスが売れる仕組みを作ることとなれば、常に先の時流を読み取る必要があります。その時流に脱炭素があるのですから、取り組まない理由はありません。現在は大分類の脱炭素導入期のマーケティングが必要とされていますが、今後はさらに細分化された市場となっていくことが予想されます。

ブランド力としての取り組みでは、企業のパーパスに沿っての存在意義からも地球環境の持続可能性追求は避けられないものとなっており、企業ブランドとしての価値もサステイナビリティの訴求が中心になっています。

また商品ブランドも同様であり、エシカル消費が拡がることからも、社会課題解決となる商品開発発想が現れています。一方で、**まだ成長導入期なのは地域での脱炭素ブランドです。**

もちろん大手企業の工場では高いレベルの取り組みがあっても、地域発で自治体との連携とともに脱炭素ブランドを地域で発展させている事例は少ないものです。しかしこれは地域の中堅・中小企業が目指すべきポジションであり、むしろこれから取り組むチャンスでもあります。

金融市場からの支援は、21年発足の**GFANZ**（ジーファンズ）こと**グラスゴー金融同盟**（Glasgow Financial Alliance for NetZero。21年４月に英イングランド銀行前総裁のマーク・カーニー氏が提唱）は、2050年までに温室効果ガス排出量の実質ゼロを目指す金融機関の有志連合（22年8月時点45カ国500社以上、資産規模約130兆USドル。日本からは26社参加）であり、脱炭素に向けて100兆ドルの資金を拠出できるとしています。傘下には、2050年までに投融資ポートフォリオを通じた温室効果ガス（GHG）排出ネットゼロを目指す銀行間の国際的なイニシアティブ「**Net-Zero Banking Alliance（NZBA）**」があり、日本からも

５社が参加（2022年８月現在）しています。

これらの国際的金融市場だけの動きだけでなく、金融庁としても持続可能な社会を実現するための金融として、サステナブルファイナンスの推進を進めています（金融庁「金融庁サステナブルファイナンス有識者会議　第二次報告書―持続可能な新しい社会を切り拓く金融システム―」2022年７月、p.2-3）。投資の呼び水としての「企業開示の充実」としては、東証プライム上場企業へのTCFD、またはそれと同等の国際的枠組みに基づく開示について質量の充実、有価証券報告書におけるサステイナビリティ開示の充実、サステイナビリティ開示の基準設定を進めています。
「市場機能の発揮」としてはアセットオーナー向け受託資産の価値向上を図るための課題把握と共有、ESG投信について資産管理会社へ適切な体制構築や開示の充実への監督指針改正、ESG評価機関の行動規範、ESG債権等に関する情報プラットフォーム、グリーンボンド及びサステイナビリティ・リンク・グリーン・ボンドガイドライン改訂を進めています。
「金融機関の機能発揮」としては、金融機関向けの気候変動ガイダンス公表、ネットゼロに向けた産業・企業の排出削減に係る経路の見える化促進、地域金融機関に対して中堅・中小企業が取り組みやすい脱炭素の対応を各省庁連携の施策を浸透と課題収集を進めていきます。
「横断的施策」では、トランジションとしてカーボン・クレジット検討と分野別ロードマップ拡充やロードマップの排出経路を定量化した計量モデルの策定、また「中小・テック」として脱炭素に関する中小企業・スタートアップの推進策を検討しています。

政府からの支援も、第１章でも触れたグリーン成長戦略を中心に補助金や税制優遇も進められていき、今後も新たな制度やルールの創出によって取り組みへの後押しが拡大されていきます。

商品・サービス開発では、まず大きく分けて前述の「リスク対応」型と政府としても注力する技術に対する開発型の２つになります。ともにマーケティングの基本となる課題解決型であり、むしろ全ての企業が自社での展開を必要とするものになるでしょう。

新規顧客開拓は、商品・サービス開発と同様になりますが、目的が変わってきます。新規顧客開拓を目的として取り組むために、自社の経営資源を活用できればベストではありますが、それが無いならば経営努力にて取り組まねばなりません。

様々な市場が縮小していく国内市場において、今の顧客で今の事業のままでは、一緒に縮小していくしかありません。そうならないためにも新たな顧客との出会いは必須となりますが、売り込めば値段は下がりがちですし、そうならないためには当然顧客ニーズの高いもので差別化ができる、言わば非競争分野が必要となります。脱炭素における課題解決をすることで、新たな顧客との出会いから、本丸の自社ドメインとなる事業への展開を図るものとなっていきます。

③理念・ビジョン型

理念・ビジョン型は本来のあるべき形です。社会性として自社の目指すべきことを考えていくと、当然取り組むべきテーマでもあります。そして本来は、何よりも優先されるべきです。地球規模で考え、そして未来に直面する課題として脱炭素を捉え、自社も解決すべき重要事項として取り組むべきです。その結果が収益に繋がるものとなり、永続性へとつながっていきます。このタイプは自社の理念やビジョン、パーパスやミッションを追求した際に出た答えですので、脱炭素経営に取り組むのを当然と考えています。

脱炭素経営は導入期ながら、全ての会社が取り組む重要なテーマとなっていくことでしょう。

2 脱炭素経営が組織を変える

（1）脱炭素経営で企業文化・社風を変える

脱炭素経営への各社取り組み状況から見た際に、企業の組織体としては一見関係の無いように見えてしまうかもしれません。**しかし取り組みによって、企業文化や社風を変えるチャンスでもあります。**すでに第１章１「中堅・中小企業だからこそ脱炭素経営に取り組むべき」で述べた通り、脱炭素経営を使って長所伸展型組織に変えていくことができます。

理念やビジョンの浸透に課題を抱える会社は多いものです。皆が暗記をしていても、それが言動の骨格になっていないことや、価値観としてまで統一されていないと感じられるのでしょう。自社の社会に対しての役割が明文化されていることも多いものの、社員個々にはそれが遠いものとなっていることが見受けられます。

例えば自社の業務に社会性を感じていても、自分の業務を通しては感じられず、単純な作業の視点となっており、とても中長期視点で考えられないといったケースです。また理念だけでなく、SDGsやISOへの取り組みについても業務と切り離されており、興味も無く手間と感じている姿も散見されます。

これらの課題の根幹は、理解できない社員が悪いのではなく、経営としての教育面への取り組みにあると思っています。皆、頭では理解をしていても心では納得していないからでもあります。理念やビジョンが、個々の行動へと落とし込まれるまで示し、理解ではなく納得させることに注力しなければなりません。

その際に手段と目的の逆転化は避けなければなりませんが、この行動までの落とし込み化と理解までの繰り返しを不得手としている経営者も多いように思われます。当然ながら業務を優先して、生産性や効率との兼ね合いを考えると難しいのでしょう。

そして最大の敵は、諦めでもあります。いわゆる「仕方がない」病に陥る時です。「皆、業務で忙しいから仕方がない」「ウチの業種（会社）では仕方がない」「彼らに言っても仕方がない」とできない理由を言葉で発し始めたら発症期です。「仕方がない」病に陥らない、抜け出すためには強い理念への想いと実行力こそが大事です。

その実行力とは、PDCAの実行となるDOこと「D」にフォーカスが当てられますが、むしろ「P」ことPLANが重要です。「D」を前提とした「P」になっていないために、上手くPDCAサイクルがまわっていないのです。その「P」について脱炭素経営を手段として、理念やビジョン達成のためのロードマップとして考えれば、軸は一本化されていきます。全ての行動が脱炭素経営に則り、それが到達される時こそ、会社と夫々のビジョン達成となることを繰り返し伝え、皆が納得していくことを取り組み続ける必要があります。

脱炭素経営を理念やビジョン達成の手段として、統一された社風や文化となることを目指してください。

（2）脱炭素経営で未来型組織へ変える

①組織の意味を見直す

脱炭素経営は近い未来への取り組みでもあり、組織も当然未来型である必要があります。脱炭素経営への取り組みを契機として、**未来型組織**に向けて取り組んでほしいと思います。

その際、最初に取り組むことは、組織の意味について社員が理解することです。これは脱炭素経営に関係無く必要なことなのですが、中小企業ではそのデザインや部署の意味も含めて曖昧になっていることが多いものです。部署の役割が不明確であること、役職者が兼務だらけになっていること、退職者の名前が残っていることや逆に入社者の名前が無いこと、等々の実態が見受けられます。だからこそ、部署や役職の役割を再定義することが必要となります。

そして組織のデザインも、現状の組織から昇格者を決める延長型組織構築を止めることも必要となっていきます。昇格者のために部署をつくるのではなく、理念やビジョンを達成するためにまわしていくことが組織の役割でもあります。

未来型組織として、脱炭素達成のために求めるもの、つまり経営戦略に沿った未来の組織図として組織計画を構築していく必要があります。5年後や10年後に思い描く自社の状態に対して、その為に必要な組織があり、現在の姿とのギャップが取り組む課題にもなっていきます。

②脱炭素をパーパスへ（パーパス経営）

パーパス経営という言葉が、近年多く聞かれることになったと思います。「自社は何故存在するのか？」とする存在意義や、自社と社会との関わりについての社会的価値、社会に対する志を明確にして、それを経営の基軸に置くものでもあります。これには経営層と従業員が議論し、結果としてのビジョンの共有と共感が必要となっていきます。そして企業経営においても、これまでステークホルダーに対して、短期的収益性を意識してきたところから、社会の持続可能性を求める考え方への変化にも繋がってきていると思います。

これは会社としての視点だけでなく、拡がる社会不安の中で従業員自身が「何故、この会社で働くのか？」「何の為に働いているのか？」と問い、その答えと自社のパーパスを一致させることが、会社の収益性にも繋がっていくので、企業価値向上のためにも重要になっているのです。

人にとって、生きる目的がパーパスであるならば、会社のパーパスを達成することを一緒に目指すことで、働くことの価値が大きく変わります。個人として実現したい夢と未来はそれぞれあると思いますが、実現したい未来の社会となると、どうでしょう。現実の社会では戦争も起こり、エネルギー供給の不安定さやサプライチェーンの課題まで浮き彫りになっています。加えて気候変動の影響が現れてきていて、現状の延長では未来の社会が今よりも決して良いものにならないことがわかってきています。しかし、その未来について自分自身が何かできるかと考えてみても遠く大きな問題でもあり、自らの行動で変革を起こすのは難しいと思うのではないでしょうか。それを企業活動で変えることができ、その役割の一部を働くことで担えるならば、新たに働く楽しさや充実感と目的が生まれていくことになります。

しかし決して忘れてはならないことは、経営にとって社会性の追求の結果が収益であり、社会性と収益を両立させることが大事です。パーパスとして脱炭素は重要なテーマではあるのですが、その達成のために、いかに企業活動を通して収益を上げていくかが重要な観点です。脱炭素経営を行う上で、このパーパスが定まっていることが前提であり、そのパーパスを達成する集団が組織です。それゆえ、未来型組織としては、このパーパスが社内に浸透している組織でもあります。そして大切なことは、パーパスに共感している社員で構成されている組織であることです。採用から脱炭素実現訴求で取り組んでいけば、当然入社の段階から思いは一致しやすく、また入社後も周囲が皆同じ考え方のために深い共感の維持も可能ですが、既存の組織に展開しようとすると当初は捉え方にも差が出てきてしまいます。だからこそ、脱炭素経営に取り組む際のパーパスの社内展開には、時間と工数も掛けて丁寧に行い続ける必要があります。そして当初は小さかった共感の輪が、次第に大きくなることで必ず加速するタイミングが訪れてきます。そうなれば、脱炭素経営を達成できる組織が構成されていき、取り組みの精度とスピードも上がっていくことでしょう。それぞれが指示や命令で動くのではなく、企業と自らのパーパスを達成するために動くこと、働くことは、生産性での変革はもちろん、企業文化さえも変えるものとなっていきます。脱炭素を軸としたパーパス経営に、是非取り組んで欲しいと思います。

3 脱炭素経営が採用を変える

人口減少が進む日本では、国立社会保障・人口問題研究所によると2030年には総人口が１億1500万人程度、2050年には0.95億人程度となり、高齢化率40％相当、生産人口は0.49億人（約51％）となることが予想されています。2021年の出生数も約81万人となっており、今後も新卒をはじめ若年層の労働力は奪い合いになることは否定できません。**つまり採用力のある会社となることは、今後の経営戦略においても重要なテーマとなっていきます。**

近年の求人活動においては、数年前にはあまり見られなかった軸が現れています。各社とも、これまでの求職者が求めてきた「働きやすさ」「やりがい」「理念・ビジョン」「福利厚生」等の訴求は変わらないのですが、それに「社会性」の軸が加わりました。これは新卒者をはじめとした求職者が持つ、働くことでの価値観の変化とも言えます。

なぜ、これだけSDGsが市場に違和感なく受け入れられているかといえば、それは人々が持続可能性について本気で考え始めたことが想定されます。今後も生存し続ける会社として、正しい取り組みがなされている会社を求職者が見極めようとし始めており、また自らの仕事が社会に貢献していることをわかりやすく感じられることも求めています。

しかしSDGsでの取り組み例でも散見されるように、実態を伴わない、いわゆる「ウォッシュ」と呼ばれるものでは効果もなく、加えて継続性がありません。綺麗に見せることで一時的に目を惹いて、また採用への反響が出始めたとしても、綻びは必ず表面化されていき、入社に繋がらないことや、入社をしても戦力化前の離職にも繋がっていくことでしょう。

採用の目的は単に入社者を確保する数合わせではなく、採用をした人が長期的な戦力となり、会社のビジョンを達成することであるはずです。

それゆえに、脱炭素経営を採用に活かす正しい手順とは、従業員の理解を前提として①脱炭素経営への取り組みがスタートであり、②そのビジョンを達成させるための計画、③それが動き始めることで社員がその効果を実感、④取り組みをホームページや報告書等にて外部発信して、⑤ようやく採用面での訴求が可能になります。

採用に活かすために、求人サイトはもちろんながら、ホームページでの訴求としてするべきこととなると、特別にすることは何もありません。自社のありのままで良いのです。ただし、視野がホームページに記載のない領域にまで至らない新入社員には、説明が必要なことも確かです。自社が何故脱炭素経営に取り組むのか、社会と自社の位置づけ、そして市場環境に対するリスク管理とシナリオ分析、戦略について、つまりステークホルダーに伝えていることと同じことを伝える必要があります。脱炭素やカーボンニュートラルと言語の訴求だけで時流に乗っている会社をアピールしていては、恐らく採用後のミスマッチが生まれてしまうことでしょう。

ところで、中堅・中小企業にとって採用への取り組みは、いまだ欠員補充目的が多いことも確かです。業績の先行きにリスクを感じると中長期的に捉えることができず、生産性が一時的に低くなることや、余剰人員を抱えることなどは、とてもできません。

しかし一方で社員の高齢化が進み、ある時期から定年ラッシュを迎え

図2-1　採用とビジョンの関係性

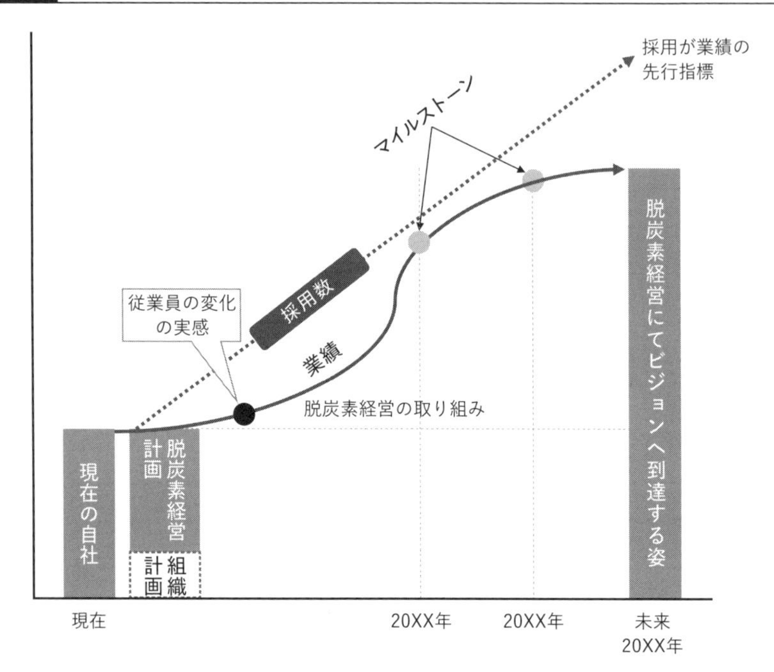

出所）（株）船井総合研究所作成

るタイミングがあり、定年延長や再雇用で乗り切ろうとしてもその場しのぎでしかありません。会社規模を、それに合わせて小さくしていくということならば、それも止むを得ないことでしょう。しかし20代や30代、40代の社員がいた場合、彼らにとって喜ばしい未来ではありません。会社が好きでも、未来ある会社に移るしかなくなってしまいます。

中小から中堅企業になるステージにて、ようやく計画採用ができるようになっていきます。成長のベクトルに乗っていることから人も必要となっており、特にひとつ上のステージに行くためのスキルを持った人の採用は不可欠です。ステージが上がった瞬間から、現状対応する為の採用ではなく、ビジョンを達成するための採用となっていくのです。

脱炭素経営を目指すということは、その目指すマイルストーンに合わせた人員計画があり、育成期時間を踏まえた採用への取り組みが必要になります。自社の脱炭素ビジョンへ共感した仲間が増えることで、その実現は加速するはずです。

この先は暫く、「共感」がマーケティングのトレンドであり続けるでしょう。それは就職・採用活動も同様であり、有名な企業だから、高い賃金だから、ワークライフバランスが取れるから、ではなく、ビジョンへの共感が大前提になっていきます。そして、働くことを通じて世の中のため、人のために貢献できる会社選びをしたい人と、社会貢献をしたい会社とのマッチングの機会となっていくのではないでしょうか。

会社の見栄えや偽りで引っ張るのではなく真の共感による採用へ、全ての学生をマス的に引っ張るのではなく共感させていく採用へ、脱炭素経営での採用とは真にあるべき企業と人との出会いの機会になるはずです。脱炭素経営のスタートを契機に、採用を進化させて欲しいと思います。

4 脱炭素経営が顧客を創造する

(1) 脱炭素経営が顧客を創造する

脱炭素を目指す際に、取り組まないリスクが注目を浴びることは多いのですが、リスクは裏を返せば機会でもあり、ビジネスチャンスとしてのマーケティング視点は不可欠でもあります。市場のニーズが変わり新たな需要が生まれること、言わばゲームチェンジでもあり、また他社が未対応であれば自社の競争優位性も増すことにもなります。

市場の変革は理解しているが、「いかに攻めるべきかがわからない」「自社の経営資源には関連性が薄い」と感じる方も多いと思います。売上の方程式のひとつに、「売上＝客数×客単価」というものがあります。つまり売上を上げるには、顧客の数を増やすか、商品やサービスの付加によって顧客が購入する金額を増やす、ということになります。営業担当者が営業活動を通して実践していることの多くの部分が、この顧客を増やすこと、いわゆる新規開拓になるでしょう。

また小売りや飲食、ネットビジネスなど、一般消費者向けのBtoC（Business to Customer）においては、販売促進にも力を入れて来店数や反響数を増やすことに取り組んでいると思います。客単価で言えば、法人取引のBtoB（Business to Business）でもBtoCでも、既存顧客に対する商品やサービスアイテムを増やすことで、現状からの売上アップを目指すものとなります。

脱炭素経営では、この客数増と客単価増の視点において、「リスク対応型」と「ビジネスチャンス型」を**表2-2**の通りに整理しました。

表2-2　リスク対応型とビジネスチャンス型

	課題	企業タイプ	具体的内容	課題・ニーズ	現在の対応商品・サービス	今後の見通し
リスク対応型	自社の競争優位性への影響	プライム上場企業	プライム維持の為にTCFD賛同	・自社だけでは作成難	・TCFDコンサルティング ・統合報告書の作成 ・省エネエンジニアリング ・CO_2排出量の可視化ツール	・進んでいる企業では、自社対応で可能となっていく ・省エネエンジニアリングは進化する技術とともに、ニーズは続く ・可視化ツールの導入は進み、簡単に安く対応できるようになる ・カーボンプライシングも定着
		プライム、他上場企業全般、大手企業	ESG経営の視点を重視	・わかりやすく、伝えられるようにしたい ・どのように取り組んでいくべきか	・ESGコンサルティング ・国際イニシアティブの為のコンサルティング ・統合報告書の作成 ・省エネエンジニアリング ・CO_2排出量の可視化ツール ・情報発信ツール	・ターゲット層は拡がっていき、市場は拡大していく ・価格競争が始まる
		上場企業や大手企業を顧客に持つ中堅・中小企業	サプライチェーン上での顧客から、CO_2排出量の確認と削減計画と実行を要求	・全てを可視化できていない ・削減の為の方策に行き詰っている	・省エネエンジニアリング・CO_2排出量の可視化ツール	・省エネエンジニアリングは市場ニーズ拡大 ・カーボンプライシングも定着
		鉄鋼、化学、セメント等CO_2多量排出業種	負荷の少ない素材へ代替される現在は少ない海外依存によるサプライチェーンの課題税や罰金、制限や規制によるコスト増の恐れ	・環境負荷の少ない商品開発 ・税や罰金、制限や規制によるコスト増を避けたい	・代替品の開発・省エネエンジニアリング	・技術が確立されていったものから、世界的にも市場が急拡大する ・カーボンプライシングも定着
		消費財を中心にBtoC業種	エシカル消費等の拡がりにより、消費者が離れる恐れ	・環境負荷の少ない商品開発とコストダウン ・消費者に企業姿勢と価値を伝えたい ・CO_2削減への取組	・各種原料メーカーの提案・PR会社、ブランディングコンサルティング・省エネエンジニアリング	・消費者にコストアップは認められなくなり、コストダウン提案が求められる ・先行してきたブランディングの会社と、そうでない会社への消費者認識
	コスト増リスク	エネルギー使用企業全て	・ロシアによるウクライナ侵略や電力需給逼迫（G7のうち、わが国の一次エネルギー自給率は最も低い11%） ・供給力確保、電力ネットワーク整備等の課題 ・国際的な資源・エネルギー価格の高騰＋円安の進行によるエネルギーコストの負担増	・安価に安定的に安全なエネルギー確保を求める	・再生可能エネルギー提案	・補助や優遇措置は継続され、国内市場は拡大

表2-2　リスク対応型とビジネスチャンス型（つづき）

	課題	企業タイプ	具体的内容	課題・ニーズ	現在の対応商品・サービス	今後の見通し
リスク対応型	コスト増リスク		・省エネ法による規制のもと、エネルギー多消費事業者の省エネは既に相当程度進展。他方で、中小事業者については、全体として経済的に合理的な範囲で10%前後の省エネ余地あるが、知見・ノウハウや人材の不足等が課題で進んでいない			
	人材採用	新卒採用企業	学生の就職活動の軸にも表面化	・事業の環境負荷削減 ・脱炭素への取り組みを明確化したい ・ブランディング	・省エネエンジニアリング ・PR会社	・取り組みの二極化が始まる
	株主提案	全上場企業	責任投資原則PRI（機関投資家の投資意思決定プロセスにESGの視点を反映させるべく、国連のイニシアティブで策定されたガイドライン）	・ESG視点を充実させたい	・ESGコンサルティング ・国際イニシアティブの為のコンサルティング ・統合報告書の作成 ・省エネエンジニアリング ・CO_2排出量の可視化ツール ・情報発信ツール	今後も継続
	政府からの規制	全ての企業	温対法による温室効果ガスの排出量に対する報告義務、排出量取引制度、炭素税	・対応について優先度が解らない	省エネエンジニアリング	・排出量取引市場活性 ・カーボンプライシングも定着
ビジネスチャンス型	ブランド力	消費財を中心にBtoC業種	エシカル消費を取り込みたい	環境に負荷をかけるような商品を購入したくない	環境負荷軽減商品やサービス	追随していき、益々増加
		地域でのポジショニング	地域唯一となり、第一人者となれる（先行者メリット、優位性）	近隣では供給先が無い	環境負荷軽減商品やサービスScope3の削減にも貢献	拡大
	金融市場からの支援	取り組み企業全て	GFANZ（2050年CNを実現の加速を目指す民間金融機関の連盟でNZBAや他の金融機関連合を束ねている）、NZBA（2050年CNを実現するための具体的な道筋や進捗を定期的に公表することを約束する銀行の連合）を起点として、投資・融資の推進	適合する融資先が少ない	脱炭素を可能にする製品製造等の研究開発において融資枠確保	今後も継続
	政府からの支援	取り組み企業全て	補助金、金融支援、認定	・現行の補助金関連や制度は今後も継続 ・各種方向性を策定中	技術開発系が多い	今後も増加
	商品・サービス開発 新規顧客開拓	取り組み企業全て	Scope3対応、省エネコストダウン、求められる技術開発、排出量測定	国際イニシアティブへの取組企業は新たな取引先を探している	各社が開発を進めている	更に裾野拡大
理念・ビジョン型	社会にとって必要な企業となる為に	グレートカンパニー	ブレないビジョンのなかで、新たな社会課題解決として明確な取組の実施（数値化）	顧客にとって、付き合う会社に持続可能性を求める		今後は更に拡大

出所）（株）船井総合研究所作成

（２）脱炭素マーケティングの実践「リスク対応型」

現在、脱炭素ビジネスとして活性化しているのが、リスク対応型です。特に多いのが「自社の競争優位性への影響」ターゲットです。上場企業を中心に大手企業のESG対応系、そしてそれらを顧客に持つサプライチェーンからの要求による削減対応については2021年から増えています。多くはステークホルダーへの影響に対応するものが多く、企業にとっては永続性の面でも不可欠なものとなっています。現在のターゲットはコンサルティング市場のものが多く、誰もが新たに参入して対応できるものではありません。またSaaS企業も同様に参入が難しく、プラットフォームが大量に生まれることも実態としては考えられません。ただし、省エネエンジニアリングだけは領域によって可能性が拡がる事業者も多くなるでしょう。詳しくは第６章で解説します。

（３）脱炭素マーケティングの実践「ビジネスチャンス型」

リスク対応型と比較して、ビジネスチャンス型には参入の余地も多く存在しています。グリーン成長戦略のロードマップに記されたものを見れば、製造側と販売側はもちろん、周辺業務も想定ができます。また、商品サービス開発型は既存顧客が求めていることであり、リスク回避の面でも取り組みが必要でしたが、新たな顧客との出会いもビジネスチャンスとなります。商品やサービスを欲している顧客には売込ではなく、提案して動くことが可能になります。売り込めば価格は下がるものとなりがちですが、顧客が欲しているものへの提案ならば、収益性確保だけでなく、パートナーとしての位置付けさえも確保することが可能となります。今後、脱炭素化を進める企業にとって、環境負荷の高いものは敬遠されていくようになっていきます。そうなると遠方からモノを運ぶことも悪となっていき、同スペックを維持できるならば近隣から購入したくなります。そうなると、これまでの系列や過去のしがらみから、攻略できなかった新規顧客にもアプローチが可能となっていきます。これも大きなビジネスチャンスの契機となっていくでしょう。

自社の経営資源を活用しての展開可能性と有効性を考え、また一方で新たな顧客に出会うための武器としても取り組みを進めて欲しいと思います。

（4）理念・ビジョン型

BtoBとBtoCにおいても、究極的には、社会課題と真摯に向き合う「正しい」会社と付き合い、取引したいところです。世界的には、既にその考え方も進んでいますが、一方でいまだ安さが最優先の層がいることも確かです。

潜在的にも、応援したい企業というものも存在しており、それがブランド力としても上位に位置付けられる企業になるのではないでしょうか。PR上手さも含めて、ファンとなっている企業や商品、サービスには、必ずうまくいっている理由があるものです。しかし現実的には、先のコスト最優先の考え方も残っており、社会課題と向き合っている会社が優先されるべき社会内での仕組みも必要です。そうした会社と付き合うことへのインセンティブや、そうでない会社への罰則や負担増の議論は進んでおり、今後のルール次第では、急激に変化しうるはずです。

目指すべきは、理念やビジョンやパーパスのなかで、センターピンに脱炭素を持てる視野を持つことだと思っています。

（5）販売促進の視点

販売促進視点で考えた際に、先のBtoCでは当たり前に取り組んでいるものの、特にBtoBにおいてももったいないケースが散見されます。

せっかく良い取り組みをしていても、アピールすることが苦手と感じているのかもしれません。しかし先のブランド力でもある通り、顧客や見込客となる第三者に知ってもらうことが無ければ、社会性と収益性の両立が難しくなります。企業活動であるため、当然ながらステークホルダーへ向けての発信としての意識を持たなければなりません。

WEBでの公開は当然であり、顧客接点においても採用においても、知ってもらうことで必ずプラスになるはずです。さらに一歩進んで開示するとともに、目標設定や目標に対する進捗状況を公開できるようになれば、それは必ず新たなファンへのアプローチにもなるはずです。詳しくは第7章でもお伝えしますが、良いものをつくり提供するだけでなく、マーケティング視点も忘れないで欲しいと思います。「いつかわかってくれる」「わかる人だけで充分」と考えず、多くの人に知ってもらうことが、結果として脱炭素社会に貢献できることを信じて、取り組んで欲しいと思います。

第Ⅱ部

脱炭素経営のロードマップ

第Ⅰ部をお読みいただき、なぜ、「中堅・中小企業だからこそ脱炭素経営に取り組むべき」なのか、理解が深まったことと思います。第Ⅱ部では、「脱炭素経営のロードマップ」を活用しながら、より具体的な脱炭素経営に向けての取り組み方について、解説していきます。

第3章

温室効果ガス排出量の可視化

1　まずは自社のCO_2排出量の算定から

（1）ロードマップ策定時に必要なもの

弊社は多くの中堅・中小企業の経営者から脱炭素経営に向けたご相談をいただきますが、「太陽光発電のような再エネ設備はすでに導入している」「LED化は結構進めている」「エコアクションは積極的に進めている」など、部分的に取り組まれている企業が多い印象です。

当然、取り組みをしていないより、部分的であっても取り組まれている方が素晴らしいことではありますが、ロードマップ策定時には、最終的なゴール設定、そして中間目標やプロセス目標がやはり大切になります。いわば、**ゴールなき取り組みは迷子になりかねず、取り組みが中途半端になってしまう、途中で頓挫してしまう要因にもなります。**

さらに、ロードマップ策定時のポイントとしては、フォアキャストのように「現状からの積み上げ」の視点とバックキャストのように「未来像からの逆算思考」の両方が必要になります。脱炭素の達成とは、世界的に見ても事例が少なく、今後技術的な革新が必要でもあります。よって、現在の自社の状況や資産も踏まえたフォアキャスト、さらには、2030年や2050年の未来を想像した上でのバックキャストによる、ゴール設定や中間目標、プロセス目標の設定が必要なのです。ローマップ策定について、詳しくは「第５章 脱炭素ロードマップの策定」で、記述いたします。

（2）GHGプロトコルに基づくCO_2排出量の算定

脱炭素経営に取り組む意義を理解し、脱炭素経営を目指すと決意した

図3-1　ロードマップ策定に必要な視点

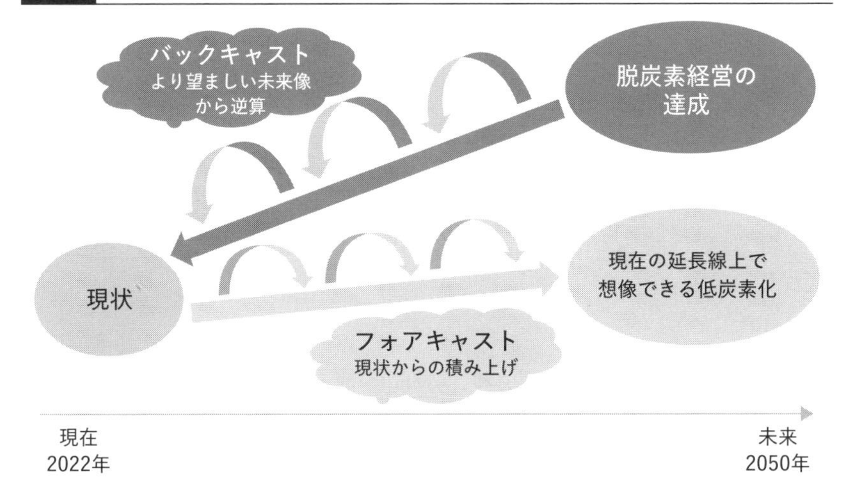

出典）（株）船井総合研究所作成

企業が一番始めに取り組むべき具体的なことは、自社が現在排出しているCO$_2$排出量を算定することです。CO$_2$排出量の算定方法は、**GHG（Greenhouse Gas）プロトコル**という国際的な基準が設けられています。

GHGプロトコルの考え方をベースに、自社が現在排出しているCO$_2$排出量を算定していきます。脱炭素とは「排出している温室効果ガス（主にCO$_2$）に対して、吸収する量を含めてゼロにする」という考え方ですので、まずは、排出しているCO$_2$の量の算定が必要なのです。

CO$_2$排出量は、Scope1・Scope2・Scope3の3つのサプライチェーン排出量から成り立ちます（P21 第Ⅰ部 第１章 **図1-2**参照）。Scope1とは、主に燃料の燃焼（重油、灯油、LPG、都市ガス、ガソリン、潤滑油）など、事業者自らによる温室効果ガスの直接排出を指します。Scope2とは、他社から供給された電気、熱・蒸気を自社が使用する際に伴う間接排出を指し、大半の企業が電気の使用に伴う排出となります。Scope3は、Scope1、Scope2以外の間接排出（事業者の活動に関連する他社の排出）となり、代表的なものには、商品を仕入れる際に使用する輸送業者のトラックの燃料の使用に伴うCO_2排出、作った製品を消費者に販売しその消費者が製品を使用する際のCO_2排出などがあります。

Scope3は、基本的に、他社の排出活動となりますが、社会全体で捉えた際に、自社の事業活動が他社の排出活動につながるために算定できると良いでしょう。

また、製品を対象として、その製品の原料の調達・加工・組立・製造・物流・販売・廃棄までのCO_2排出量を算定・開示・評価することを「製品のLCA（ライフサイクルアセスメント）」や「CFP（カーボンフットプリント）」と言いますが、これらもScope3の算定をおこなうことで、算定が可能になっていきます（カーボンフットプリントの方がより温室効果ガスに特化した考え方）。

排出量自体の計算は、「活動量×排出原単位」の計算式にて算定します。例えば、Scope2の電力の使用の場合、電力会社ごとにCO_2排出係数という排出原単位が公開されています。

後述しますが、このCO_2排出係数は電力会社ごとに電源構成が違うため異なりますので、ここでは一旦0.0005t-CO_2/kWhとします。10,000kWh分の電力を仮に使用していた場合は、活動量10,000kWh×排出原単位0.0005t-CO_2/kWh＝5t-CO_2となります。このような算定方法となります。排出原単位については、Scope1は温室効果ガス算定・報告・公表制度、Scope2エネルギーを供給する各社（電力会社など）、Scope3については環境省から排出原単位データベースにて公表されており、そちらを参考にします。排出原単位そのものは、年度ごとや期間ごとに変動するため、最新の排出原単位の把握も必要となります。

（3）中小企業がすべきこと

中小企業においては、大手企業と比較した際の社会全体への影響度の大きさを踏まえ、まずはScope1,2の算定からスタートできると良いでしょう。中小企業におけるScope3算定については、本執筆段階（2022年９月）においては、金融機関、消費者、取引先等のステークホルダーからの強い要請がない限り、あるいは中小企業版SBT（第４章参照）への認定を目指していない限りは、優先度を落としていただいても問題ありません。

大手企業（特に東証プライム上場企業）においては、2021年6月コーポレートガバナンス・コードの改訂により、TCFDあるいは同等の枠組みに基づく情報開示が必要となり、CDPアンケートでもScope3に関する質問事項があるため、Scope3の算定はほぼ必須な状況と言えます。

ただし、すでにEU圏では、中小企業に対する気候変動への対応についても議論が進められている状況にありますので、中長期的には、Scope3算定も必要になっていく可能性が高いということでご理解いただければと思います。

さらに、余談とはなりますが、昨今ではScope4という新しい概念が普及しつつあります。これは、自社が提供した製品およびサービスによる「社会のCO_2排出量の削減＝削減貢献量」として、広まってきています。すでに一部上場企業がScope4の情報開示を進めたり、ISO審査機関でも議論されたりと、注目されている考え方となります。

それでは、ここからは、具体的にScope1～3の算定方法について、見ていきましょう。

2 事業者自らによる温室効果ガスの直接排出（Scope1）

Scope1の算定対象となる温室効果ガスには、以下の８つがあります。

都市ガスやLPG（液化石油ガス）、重油などの燃料を使用する活動により排出される「①エネルギー起源CO_2」、廃棄物の焼却、セメントや石灰石などの製品の製造・加工に伴い発生する「②非エネルギー起源CO_2」、ボイラや給湯器における都市ガスやLPG、重油などの燃料の使用に伴うメタンの排出量「③メタン（CH_4）」、同じくボイラや給湯器における都市ガスやLPG、重油などの燃料の使用に伴う一酸化二窒素の排出量「④一酸化二窒素（N_2O）」、空調機の使用開始、空調機の冷媒フロンの回収および封入作業等時の漏洩や発泡剤としての使用、消火剤の製造における封入による「⑤ハイドロフルオロカーボン類（HFCs）」、アルミニウムの製造や溶剤等へのパーフルオロカーボン自体の使用による「⑥パーフルオロカーボン類（PFCs）」、マグネシウム合金の鋳造、六ふっ化硫黄自体の製造、変圧器等電の製造や使用開始時の六ふっ化硫黄の封入および回収による「⑦六ふっ化硫黄（SF_6）」、三ふっ化窒素自体の製造、半導体素子等の加工工程でのドライエッチング等における使用による「⑧三ふっ化窒素（NF_3）」となります。

これだけ聞くと非常に複雑なような気もしますが、業種により該当する排出活動と該当しない排出活動がはっきりしているため、一度、算定対象を整理できれば、何ら問題なく、算定が可能です。

具体的な事例は後述しますが、製造業ではない一般的な事務所・ビルにおいて事業活動をおこなっている企業の場合は、燃料の使用や燃焼に伴う「①エネルギー起源CO_2」「③メタン（CH_4）」「④一酸化二窒素（N_2O）」「⑤ハイドロフルオロカーボン類（HFCs）」が対象となる程度です。

また、上記に挙げた８つの温室効果ガスについて、CO_2以外の温室効果ガスについては、最終的にCO_2に換算することで全体のCO_2排出量を算定していきます。余談となりますが、Scope1は、地球温暖化対策推進法（温対法）に基づいた「算定・報告・公表制度」を日本国内では採用していますので、温対法において特定排出者に指定されている場合

表3-1　Scope1の事業活動の例

温室効果ガスの種類	事業活動の例	1活動量あたりのCO_2排出量（換算値）
エネルギー起源CO_2	・営業車によるガソリンの使用	2.32tCO_2/kl
	・給湯のための都市ガスの使用	2.23tCO_2/1,000Nm^3
	・工業炉で使用するLPG	3tCO_2/t
非エネルギー起源CO_2	・原油又は天然ガスの生産に係る坑井の点検	0.00048tCO_2/井数
	・セメントの製造	0.5tCO_2/t
	・廃棄物（廃油）の焼却	2.92tCO_2/t
メタン(CH_4)	・工業炉で使用するLPG	0.0008tCO_2/t
	・工業廃水の処理	0.00012tCO_2/kgBOD
	・乳用牛・肉用牛の排せつ物の管理	0.05tCO_2/t
一酸化二窒素(N_2O)	・工業炉で使用するLPG	0.0021tCO_2/t
	・工業廃水の処理	1.28tCO_2/tN
	・潤滑油の焼却	0.012tCO_2/kl
ハイドロフルオロカーボン類(HFCs)	・空調機の使用開始（冷媒HFC-23）	252tCO_2/tHFC
	・半導体素子等の加工工程で冷媒HFC-32の使用	202.5tCO_2/tHFC
	・溶剤等の用途での冷媒HFC-32の使用	675tCO_2/tHFC
パーフルオロカーボン類(PFCs)	・アルミニウムの製造（PFC-14を使用）	2.22tCO_2/tAl
	・パーフルオロカーボンの製造（PFC-218を使用）	344.37tCO_2/tPFC
	・溶剤等の用途でのPFC-116を使用	12,200tCO_2/tPFC
六ふっ化硫黄(SF_6)	・変圧器の使用（機器使用時の封入量と使用比率）	22.8tCO_2/tSF_6
	・変圧器の点検時のSF_6の回収（残存量）	344.37tCO_2/tPFC
	・六ふっ化硫黄（SF_6）の製造	433.2tCO_2/tSF_6
三ふっ化窒素(NF_3)	・三ふっ化窒素（NF_3）の製造	292.4tCO_2/tNF_3
	・半導体（リモートプラズマ）素子等の加工工程でNF_3の使用（回収・適正処理量）	−17,200tCO_2/tNF_3
	・液晶デバイス（リモートプラズマ以外）の製造工程でNF_3の使用	5160tCO_2/tNF_3

出所）環境省「算定・報告・公表制度における算定方法・排出係数一覧」から一部抜粋

は、すでに算定されている内容となります。

表3-1に温室効果ガスの種類ごとの事業活動の例と、その排出原単位（1活動量あたりのCO_2排出量）を掲載しておりますので、ご参照ください。

3 他社から供給された電気等のエネルギーの使用に伴う間接排出（Scope2）

Scope2では、電気、熱、蒸気の使用による「エネルギー起源CO_2」が算定対象となります。大半の企業では、電気の使用のみがそれにあたります。一部、製造業などで工業団地から蒸気自体を購入している場合（自社内で蒸気を生成している場合は除く）には、蒸気の使用も算定対象となりますが、ケースとしては少ないでしょう。

電気については、電力会社ごとに電源構成（石炭火力、石油火力、原子力、水力、バイオマス発電、太陽光発電など）が異なるため、排出原単位（電気の場合はCO_2排出係数という）が異なります。一般的には、非化石エネルギー（原子力発電、再生可能エネルギー発電）の電源構成比率が高い電力会社の電気ほど、排出原単位（CO_2排出係数）が小さい傾向にあります。参考として、旧一般電気事業者のCO_2排出係数を**表3-2**に掲載します。

表3-2　旧一般電気事業者のCO_2排出係数一覧

電気事業者名	調整後排出係数（t-CO_2/kWh）※（参考値）事業者全体
北海道電力(株)	0.000549
東北電力(株)	0.000457
東京電力エナジーパートナー(株)	0.000441
中部電力ミライズ(株)	0.000377
北陸電力(株)	0.000465
関西電力(株)	0.000350
中国電力(株)	0.000521
四国電力(株)	0.000569
九州電力(株)	0.000479
沖縄電力(株)	0.000705

出所）環境省「温室効果ガス排出量 算定・報告・公表制度 電気事業者別排出係数一覧」

また、第４章にて後述しますが、昨今は「再エネ電力」「CO_2フリー電力」の供給をおこなっている電力会社も多くなっています。100％再生可能エネルギーの電源である場合、グリーン電力証書や非化石証書、Ｊクレジットなどのいわゆる環境価値でオフセットされた再エネ電力およびCO_2フリー電力などの場合があります。脱炭素の推進者（ここでは読者を想定）としては、**通常の電力プランではなく、「再エネ電力」「CO_2フリー電力」を利用することで、Scope2の電気の使用に関するCO_2排出量を0にすることができるのです。**通常の電力プランに対して、10～15％ほど電力単価は上乗せ（２～３円/kWh程度）となってしまいますが、電力プランを変更するのみで、Scope2のCO_2排出量をゼロにできる点がメリットです。

ただし、2022年９月現在においては、原油高等を理由にした電気料金の値上げによる、企業経営上の利益の圧迫が叫ばれている中で、さらに電気料金が高くなる「再エネ電力」「CO_2フリー電力」への切り替えは、おすすめできないのが正直な感想です。

4 Scope1、Scope2以外の間接排出(事業者の活動に関連する他社の排出)（Scope3）

（1）Scope3の15のカテゴリ

Scope3は15のカテゴリに分かれます（表3-3）。Scope3は、サプライヤー排出量とも言われ、自社の事業活動における上流と下流で分けながら、事業活動による排出量を算定していきます。Scope3の排出量算定の基本的な考え方も「活動量×排出原単位」となります。排出原単位には、環境省が公開している「環境省データベース」や産業技術総合

表3-3 Scope3の15のカテゴリ

Scope3 カテゴリ	該当する活動（例）	
1	購入した製品・サービス	原材料の調達、パッケージングの外部委託、消耗品の調達
2	資本財	生産設備の増設（複数年にわたり建設・製造されている場合には、建設・製造が終了した最終年に計上）
3	Scope1,2に含まれない燃料及びエネルギー活動	調達している燃料の上流工程（採掘、精製等） 調達している電力の上流工程（発電に使用する燃料の採掘、精製等）
4	輸送、配送（上流）	調達物流、横持物流、出荷物流（自社が荷主）
5	事業から出る廃棄物	廃棄物（有価のものは除く）の自社以外での輸送）、処理
6	出張	従業員の出張
7	雇用者の通勤	従業員の通勤
8	リース資産（上流）	自社が賃借しているリース資産の稼働（算定・報告・公表制度ではScope1,2に計上するため該当なしのケースが大半）
9	輸送、配送（下流）	出荷輸送（自社が荷主の輸送以降）、倉庫での保管、小売店での販売
10	販売した製品の加工	事業者による中間製品の加工
11	販売した製品の使用	使用者による製品の使用
12	販売した製品の廃棄	使用者による製品の廃棄時の輸送、処理
13	リース資産（下流）	自社が賃貸事業者として所有し、他者に賃貸しているリース資産の稼働
14	フランチャイズ	自社が主宰するフランチャイズの加盟者のScope1,2 に該当する活動
15	投資	株式投資、債券投資、プロジェクトファイナンスなどの運用

出所）環境省「サプライチェーン排出量算定の考え方　パンフレット」

研究所および産業環境管理協会によって共同開発された「IDEA（LCIデータベースIDEAv2）」などがあり、これらを利用することとなります。

「カテゴリ①購入した製品・サービス」は、原材料の調達、消耗品の調達などがそれにあたります。例えば、米や肉、ボールペン等の事務用品、段ボール、コピー用紙、工具の購入、システムの購入、サブスクシステムの契約、食品製造業の場合は原料となる小麦粉・砂糖・卵、部品加工業の場合は鉄・アルミ・銅、建設業であれば生コン・ガラス・さらには下請業者への外注といった内容も算定対象となります。

考え方としては、サプライヤー（仕入れ先）における製品の素材の調達、加工、組立等での排出活動となり、例えば、ボールペン１本をとってみても、サプライヤーにて製造加工組立される際にCO_2が排出されるというものです。例えば、「お米」を生産者の卸業者や小売業者から百万円分購入した際は、　環境省排出原単位データベースにて「5.37t-CO_2eq※/百万円」のように排出原単位が開示されており、その場合には5.37tのCO_2排出量とみなされます。「自動車部品」の場合は、「4.52t-CO_2eq/百万円」が排出原単位となります。

「カテゴリ②資本財」は、生産設備の増設や固定資産などが該当します。例えば、自動車の購入、新事務所の建設投資、既存事務所の改修工事による建設投資などがそれにあたります。考え方としては、購入した資本財や取得した固定資産もサプライヤーによる製造や建設工事により、CO_2が排出されているというものとなります。例えば、産業用電気機器メーカーの場合、環境省排出原単位データベースにて、における排出原単位は、「3.01t-CO_2eq/百万円」と決まっております。仮に、産業用電

※eqとは「equivalent」「イーキュー」と呼ばれ、t-CO_2相当量に換算した値に付けられる単位のこと

気機器メーカーが営業車両（自家用車）を購入し、100百万円支払った場合のCO_2排出量は、100百万円×「3.01t-CO_2eq/百万円」＝301t-CO_2eqとなります。算定時の注意点は、資本財の種類の排出原単位ではなく（営業車両の購入）、自社（算定事業者）の業種と合致する排出原単位の種類（産業用電気機器メーカー）を選択する必要があるということです。

「カテゴリ③Scope1,2に含まれない燃料及びエネルギー活動」は、調達している燃料および電力の上流工程（採掘、精製など）で排出されているCO_2が対象となり、燃料の購入および電力を使用している限りは、必ず発生するものとなります。環境省排出原単位データベースでは、電力における燃料調達時の排出原単位「0.0682kg-CO_2e/kWh」と開示されています。

「カテゴリ④輸送、配送（上流）」は、自社が荷主の場合における調達物流、横持物流、出荷物流となります。例えば、モノの仕入れをおこなった場合の物流業者や輸送業者を利用した際に算定対象となります（物流業者や輸送業者が燃料を利用し運送しており、その際に排出されるCO_2）。主な算定方法として、燃料法、燃費法、トンキロ法の３つがあります。

燃料法は、車両の燃料使用量を把握できる場合に活用でき、最も精度が高いのですが、外部に委託している物流会社の燃料使用量の把握や混載の場合には荷主別按分が必要となるなど、難易度が高いものとなります。例えば、車両で使用している燃料が軽油の場合は、2.585t-CO_2/klが排出原単位となります。（環境省排出原単位データベースより）算定式は、燃料使用量×排出原単位となります。

燃費法は、輸送距離と車両の燃費が把握できる場合に活用できます。車両の燃費については、環境省排出原単位データベースに掲載されておりますが、輸送距離を正確に把握することは非常に難易度が高く、混載の場合にも荷主別按分が必要となるため詳細なデータ把握が必要となります。CO_2排出量の算定としては、輸送距離／燃費×排出原単位となります。

トンキロ法は、積載率と車両の燃料種類、最大積載量別の輸送トンキロからCO_2排出量を算定します。「CO_2排出量＝輸送トンキロ×トンキロ法燃料使用原単位×排出原単位」となります。輸送トンキロとは、貨物重量（t）×輸送距離（km）のことを指します。こちらも貨物重量、輸送距離、積載率を正確に把握することが難しいものです。これらの燃料法、燃費法、トンキロ法による算定が難しい場合は、産業連関表ベースの排出原単位を利用しても良いものとなっております。産業連関表ベース（環境省排出原単位データベースより）では、「3.02t-CO_2eq/百万円」が排出原単位となります。

「カテゴリ⑤事業から出る廃棄物」は、廃棄物として処理した（外部に回収してもらい処理を委託した）金属くず、紙くず、食品残渣、汚泥などが対象となり、有価物に関しては算定対象外となります。まずは、廃棄物の種類ごとの処理方法を整理する必要があります。「焼却処理」・「埋立処理」・「リサイクル処理」に分類します。その後、廃棄物の輸送段階を含めるかどうかを判断いたしますが、任意で算定対象として含めることができるため、輸送段階は含めて算定して良いでしょう。また、「焼却処理」・「埋立処理」・「リサイクル処理」かどうかを判断できない場合には、「焼却処理」・「埋立処理」・「リサイクル処理」の排出原単位を、処理方法ごとの処理実績（t）により加重平均した廃棄物種類ごとの排出原単位の利用が可能です。（要するに処理方法問わずに算定が可能）その場合は、環境省排出原単位データベースより紙くず処理量あたり0.1317t-CO_2e/t、金属くず処理量あたり0.0122t-CO_2e/tなどとなります。

「カテゴリ⑥出張」「カテゴリ⑦雇用者の通勤」は、その言葉の通り従業員の出張、通勤が該当します。算定方法として、交通手段別（鉄道、航空機、船舶、バスなど）の出張費および通勤費に基づき算定、出張日数に基づき算定、常時使用される従業員数に基づき算定、都市区分ごとや勤務形態ごとの勤務日数に応じて算定するといった算定方法があります。例えば、交通手段別（鉄道、航空機、船舶、バスなど）の出張費および通勤費に基づき算定する場合、　旅客鉄道を利用する際は「0.00185kg-CO_2/円」が排出原単位となり、国内の旅客航空機を利用する際は「0.00525kg-CO_2/円」が排出原単位となります。出張日数に基づき算定する場合は、企業全体の延べ出張日数当たりの排出原単位「0.030t0CO_2/人・日」を利用します。常時使用される従業員数に基づき算定する場合は、出張の有無にかかわらず、常時使用する従業員数に排出原単位の「0.130t-CO_2/人・年」を乗じます。都市区分ごとや勤務形態ごとの勤務日数に応じて算定する場合は、都市区分として就業場所は大都市なのか中都市なのか小都市なのか、勤務形態がオフィスなのか工場なのかなどによって、排出原単位が決められています。

「カテゴリ⑧リース資産（上流）」は、自社が賃借しているリース資産の排出活動となりますが、大半のリース資産がScope2の電力の使用に含まれるため、算定対象外のケースがほとんどです。該当する内容としては、倉庫などを賃借している場合です。その場合は、賃借している床面積あたり「0.090t-CO_2/m^2」の排出原単位となります。（環境省データベースより）

「カテゴリ⑨輸送、配送（下流）」は、自社製品の出荷輸送がメインとなり、代表的な排出活動としてはECなどのネット販売となります。製造した製品をお客様へ卸す際の物流業者によるCO_2排出が対象となります。排出量算定の考え方自体は「カテゴリ④輸送、配送（上流）」と同様です。

「カテゴリ⑩販売した製品の加工」は、基本的に製造業が対象となりますが、販売先の製品の加工や組立時の排出量が対象となります。自社での排出活動ではなく、販売先（サプライチェーン上の下流側の顧客）による排出活動であるため、算定の難易度は高くなります。販売先の加工や組立時の排出量（主にScope1,2）から自社の売上シェアで按分する算定方法などがあります。ただし、潜在的に多くの使用用途を持ち、使用用途によってGHG排出が異なり、下流側の排出量を合理的に見積もることが出来ない場合は、算定対象から除外しても良いとされています。

「カテゴリ⑪販売した製品の使用」は、小売業やサービス業のような一般消費者に対して製品やサービスを提供している場合には算定対象となります。製造業の中でも、中間製品の製造の場合は、販売先（サプライチェーン上の下流側の顧客）が直接的にエネルギーを消費するわけでは無いため、対象外となります。算定の考え方としては、LCA（ライフサイクルアセスメント）に基づき、耐用年数や製品寿命を鑑みて、その製品やサービスが排出するCO_2を算定するものとなります。例えば、自動車の販売であれば、自動車１台の使用に伴う生涯排出量を算定することになります。使用期間、車種毎の燃費、使用期間中に消費されるガソリン量を推計し、算定していきます。カテゴリ⑩同様に潜在的に多くの使用用途を持ち、使用用途によってGHG排出が異なり、下流側の排出量を合理的に見積もることが出来ない場合は、算定対象から除外しても良いとされています。

「カテゴリ⑫販売した製品の廃棄」は、製品をお客様へ販売し、お客様自らによる製品の廃棄時の輸送および処理となりますが、輸送については算定対象外でも問題ありません。業種により様々ですが、有形の製品を販売した際に主に対象となります。廃棄物の種類ごとの算定となり、算定方法はカテゴリ⑤と同様です。例えば、自動車の販売の場合、出荷量をベースとして、ガラス、廃プラスチック類、金属くずごとの廃棄量を仮定し、算定していきます。中間製品を製造している企業の場合で、販売先で多くの使用用途がある場合は、下流側の排出量を合理的に見積もることが出来ないため、算定対象から除外しても良いとされています。

「カテゴリ⑬リース資産（下流）」は、自社が賃貸事業者として所有し、他者に賃貸しているリース資産の稼働が対象となります。例えば、他社に事務所や倉庫、車輌を貸しているケースなどが該当します。リース資産ごとの排出原単位を乗じて算定します。倉庫であれば、床面積あたり「$0.090t\text{-}CO_2/m^2$」の排出原単位となります。（環境省データベースより）

「カテゴリ⑭フランチャイズ」は、自社が主宰するフランチャイズの加盟者のScope1,2に該当する活動となります。例えば、店舗のScope1,2が該当となりますが、Scope1,2に計上済みの場合は、算定対象外でも問題ありません。

「カテゴリ⑮投資」は、株式投資、債券投資、プロジェクトファイナンスなどの運用が対象となります。投資先のScope1,2に自社の投資先株式保有率を掛算して算定します。投資先の発行株式数に対する自社保有株式数の割合から株式保有割合率を算出します。その後、その投資先のScope1,2排出量×株式保有割合率を乗じて、算出します。金融機関や投資会社では、算定対象となりますが、大半の企業では、算定対象外の項目となります。

以上がScope3となります。Scope3のカテゴリ①～⑮を製品のライフサイクル段階ごとに分けて考えると上流と下流それぞれにおける排出活動が整理できます（**図3-2**）。

表3-4　Scope3の排出量算定のイメージ

Scope3カテゴリ	該当する活動（例）	代表的な排出活動と「排出原単位」「基本的な算定方法」のイメージ（算定方法が複数ある場合は、排出活動の具体例ではなく、算定方法を記載）
1	購入した製品・サービス	・例① 米の購入の排出原単位：5.37 t-CO_2eq/百万円 ・例② 事務用品の購入の排出原単位：0.0000054 t-CO_2eq/百万円 ・例③ 自動車部品の購入の排出原単位：4.52 t-CO_2eq/百万円
2	資本財	・例① 産業用電気機器メーカーの排出原単位：3.01 t-CO_2eq/百万円 ・例② 鋼材メーカーの排出原単位：3.05 t-CO_2eq/百万円 ・例③ 貨物利用運送会社の排出原単位：3.74 t-CO_2eq/百万円
3	Scope1,2に含まれない燃料及びエネルギー活動	・例① 電力における燃料調達の排出原単位：0.0000682 t-CO_2e/kWh ・例② 蒸気における燃料調達の排出原単位：0.0000327 t-CO_2e/kWh
4	輸送、配送（上流）	・燃料法：車両ごとの燃料別燃料使用量×車両ごとの排出原単位 ・燃費法：車両ごとの輸送距離／車両ごとの燃費×車両ごとの排出原単位 ・トンキロ法：貨物ごとの輸送トンキロ×車両・燃料ごとのトンキロ法燃料使用 原単位×車両・燃料ごとの排出原単位
5	事業から出る廃棄物	・処理方法の判断：「焼却処理」・「埋立処理」・「リサイクル処理」 ・処理方法ごと・廃棄物種類ごとの処理量×排出原単位
6	出張	・交通手段別の出張費：交通区分別の出張費×交通手段別の排出原単位 ・従業員の延べ出張日数：出張日数×種別ごとの排出原単位 ・常時使用する従業員数：従業員数×従業員あたりの排出原単位
7	雇用者の通勤	・交通手段別の通勤費：交通区分別の出張費×交通手段別の排出原単位 ・勤務形態別・都市区分別：勤務形態別都市区分別従業員数×勤務形態別都市 区分別従業員の勤務日数当たりの排出原単位
8	リース資産（上流）	・リース資産の数量や活動量×リース資産ごとの排出原単位 ・例① 倉庫の賃借の排出原単位：0.090t-CO_2/m^2
9	輸送、配送（下流）	・燃料法：車両ごとの燃料別燃料使用量×車両ごとの排出原単位 ・燃費法：車両ごとの輸送距離／車両ごとの燃費×車両ごとの排出原単位 ・トンキロ法：貨物ごとの輸送トンキロ×車両・燃料ごとのトンキロ法燃料使用 原単位×車両・燃料ごとの排出原単位
10	販売した製品の加工	・販売先の加工・組立時の排出量から(主にScope1,2)から自社売上シェアで按分
11	販売した製品の使用	・LCAに基づき耐用年数や製品寿命を鑑みて生涯排出量算定 ・例① 自動車1台の使用に伴う生涯排出量を算定 （使用期間、車種毎の燃費、使用期間中に消費されるガソリン量を推計）
12	販売した製品の廃棄	・処理方法の判断：「焼却処理」・「埋立処理」・「リサイクル処理」 ・処理方法ごと・廃棄物種類ごとの処理量×排出原単位
13	リース資産（下流）	・リース資産の数量や活動量×リース資産ごとの排出原単位 ・例① 倉庫の賃借の排出原単位：0.090t-CO_2/m^2
14	フランチャイズ	・例① フランチャイズ加盟者の運営店舗のScope1,2
15	投資	・例① 投融資額/資金調達総額×投資先Scope1,2排出量 ・例② 株式保有割合率×投資先Scope1,2排出量

出所）環境省「排出原単位データベース・業種別算定事例集」を参考に（株）船井総合研究所にて作成

図3-2　排出活動の整理

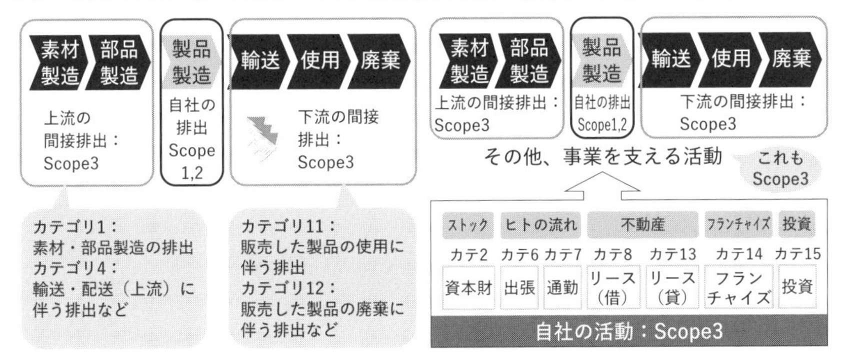

出所）環境省・みずほリサーチ＆テクノロジーズ「サプライチェーン排出量の算定と削減に向けて」資料

（2）排出原単位選定のポイント

先述の通り、排出原単位には、「環境省データベース」や「IDEA（LCIデータベースIDEAv3）」などがあり、これらを利用することとなります。

排出原単位を選定する際のポイントは、できる限り削減活動が反映される排出原単位を選定することです。例えば、環境省DBを利用して、カテゴリ⑥の出張における排出量算定をおこなう際に、交通区分別（鉄道・航空機・船舶・バス）の出張費をベースに排出原単位（例えば、国内鉄道の場合は0.00185/kg-CO_2/円）を採用した方が、より細かく算定できますが、交通区分別の出張費を把握できていない場合や従業員一人あたりの排出原単位を採用してしまうと、従業員が増える限り（活動量が増える限り）、排出量が自ずと増えてしまうといった結果になってしまいます。

このように、自社の排出量の削減活動がしっかりと反映される排出原単位を選定することが大切です。しかし、それでもScope3における排出原単位はあくまでも、統計値・一般値にすぎず、活動量が増える限

り、排出量が増えてしまう傾向にあることにはご注意ください。昨今は、このような排出原単位のあり方が疑問視されており、極力サプライヤーに対して、一次データの取得を要請するケースが増えています。より正しく詳細に排出量算定をおこなうような風潮に変わってきているのです。

ここまででScope1～3の算定における説明をしましたが、非常に多くの排出活動から算定をおこなわないといけないものであり、自社内でのデータソースも複数の部署が絡んできます。よって、必要に応じて、営業部、総務部、経理部、情報システム部、環境部などを巻き込んでいき、協力を仰ぎながら整理していけると良いでしょう。

5 Scopeごとの排出量の可視化&ボリュームの把握

Scope1～3の排出量算定をした後は、Scopeごとの排出量の可視化およびボリューム（割合）の把握が必要です。Scope1～3の割合は、業種業態により特徴が現れます。ここでは、算定事例として「プラスチック部品製造会社」「建設業」「小売業」「物流業」の事例を、さらに、Scope1,2を細分化した事例をご紹介します。ただし、同業種において必ずしも同様の傾向にならない点もあることをご理解ください。

事例①プラスチック製品製造会社（図3-3）

プラスチック製品の製造会社。主に自動車用部品（燃料タンク及び周

図3-3　プラスチック製品製造会社の排出量と割合

項目		CO_2(ton)	割合
Scope1	燃料等	5,000	8.4%
Scope2	電力	12,000	20.2%
カテゴリ1	購入した製品・サービス	19,526	32.9%
カテゴリ2	資本財	3,084	5.2%
カテゴリ3	エネルギー関連活動	2,522	4.2%
カテゴリ4	輸送、配送（上流）	7,986	13.5%
カテゴリ5	事業から出る廃棄物	88	0.1%
カテゴリ6	出張	15	0.0%
カテゴリ7	雇用者の通勤	844	1.4%
カテゴリ8	リース資産（上流）	13	0.0%
カテゴリ9	輸送、配送（下流）	0	0.0%
カテゴリ10	販売した製品の加工	2,300	3.9%
カテゴリ11	販売した製品の使用	0	0.0%
カテゴリ12	販売した製品の廃棄	1,484	2.5%
カテゴリ13	リース（下流）	0	0.0%
カテゴリ14	フランチャイズ	0	0.0%
カテゴリ15	投資	4,480	7.5%
総計		59,342	100%

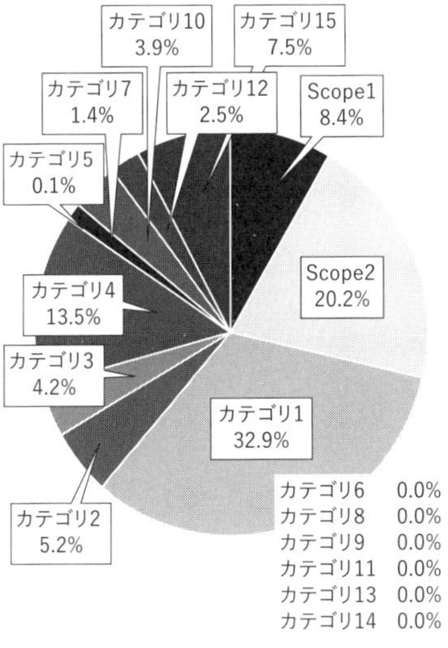

出所）環境省「グリーン・バリューチェーンプラットフォーム 自己学習用資料 業種別算定事例集」

辺部材）であるが、一部汎用製品も扱っている。また、これらの事業の運営のため、輸送会社を傘下に持たれる企業のケース。

排出量の割合が多い順番に「Scope3カテゴリ1」「Scope2」「Scope3カテゴリ4」となり、3つで66％を超える。

プラスチック製品製造会社では、成型機を中心とした生産性設備など電力を使用することが多いためScope2排出量が多くなる。一方で燃料を使用するような設備が少ないためScope1排出量は少ない。また、自社でのプラスチック製品製造にあたって、原料の樹脂やポリエチレンの仕入れが発生するためScopeカテゴリ①による排出量が多い。

事例②建設業（図3-4）

国内のビル建設を主に扱う建設会社。土木工事、道路舗装等も扱う。また、これらの事業の運営のため、輸送会社、資材製造会社、不動産会

図3-4　建設業の排出量と割合

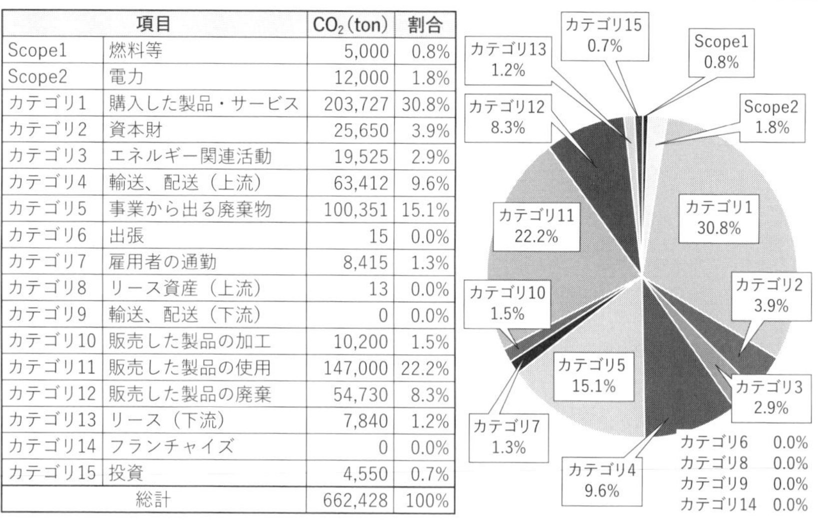

項目		CO_2(ton)	割合
Scope1	燃料等	5,000	0.8%
Scope2	電力	12,000	1.8%
カテゴリ1	購入した製品・サービス	203,727	30.8%
カテゴリ2	資本財	25,650	3.9%
カテゴリ3	エネルギー関連活動	19,525	2.9%
カテゴリ4	輸送、配送（上流）	63,412	9.6%
カテゴリ5	事業から出る廃棄物	100,351	15.1%
カテゴリ6	出張	15	0.0%
カテゴリ7	雇用者の通勤	8,415	1.3%
カテゴリ8	リース資産（上流）	13	0.0%
カテゴリ9	輸送、配送（下流）	0	0.0%
カテゴリ10	販売した製品の加工	10,200	1.5%
カテゴリ11	販売した製品の使用	147,000	22.2%
カテゴリ12	販売した製品の廃棄	54,730	8.3%
カテゴリ13	リース（下流）	7,840	1.2%
カテゴリ14	フランチャイズ	0	0.0%
カテゴリ15	投資	4,550	0.7%
総計		662,428	100%

出所）環境省「グリーン・バリューチェーンプラットフォーム 自己学習用資料 業種別算定事例集」

社等を傘下に持つ。

排出量の割合が多い順番に「Scope3カテゴリ1」「Scope3カテゴリ11」「Scope3カテゴリ5」となり、3つで約70%を占める。

生コンやセメント、鋼材などの建設資材の仕入れに伴う排出量や下請業者へ建設工事を依頼するためにScope3カテゴリ①排出量が必然と多くなる。また、建設した建物の使用に伴う排出量としてカテゴリ⑪も多い。建設現場で発生する廃棄物も多いためカテゴリ⑤の排出量も多い。

事例③小売業（図3-5）

国内に店舗を有し食品、衣類、インテリアを扱う小売事業者。また、これらの事業の運営のため、輸送会社を傘下に持つ。

排出量の割合が多い順番に「Scope3カテゴリ1」「Scope3カテゴリ9」となり、2つで66%を超える。

図3-5 小売業の排出量と割合

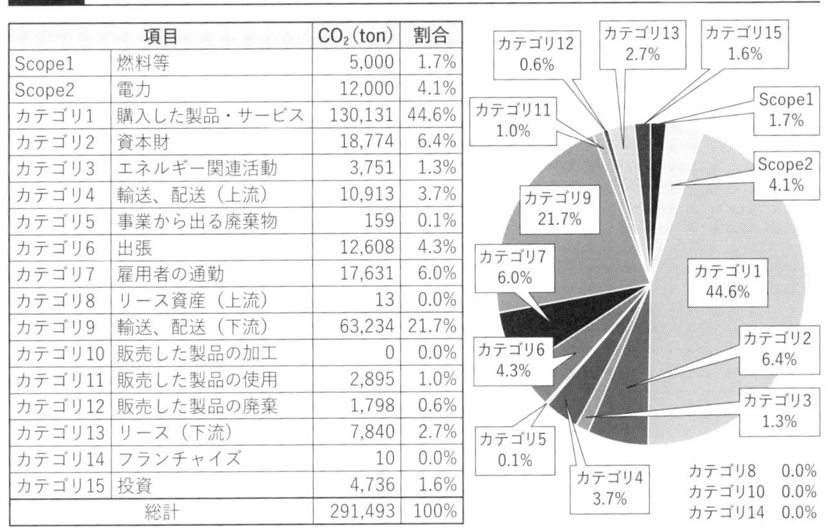

項目		CO_2(ton)	割合
Scope1	燃料等	5,000	1.7%
Scope2	電力	12,000	4.1%
カテゴリ1	購入した製品・サービス	130,131	44.6%
カテゴリ2	資本財	18,774	6.4%
カテゴリ3	エネルギー関連活動	3,751	1.3%
カテゴリ4	輸送、配送（上流）	10,913	3.7%
カテゴリ5	事業から出る廃棄物	159	0.1%
カテゴリ6	出張	12,608	4.3%
カテゴリ7	雇用者の通勤	17,631	6.0%
カテゴリ8	リース資産（上流）	13	0.0%
カテゴリ9	輸送、配送（下流）	63,234	21.7%
カテゴリ10	販売した製品の加工	0	0.0%
カテゴリ11	販売した製品の使用	2,895	1.0%
カテゴリ12	販売した製品の廃棄	1,798	0.6%
カテゴリ13	リース（下流）	7,840	2.7%
カテゴリ14	フランチャイズ	10	0.0%
カテゴリ15	投資	4,736	1.6%
総計		291,493	100%

出所）環境省「グリーン・バリューチェーンプラットフォーム 自己学習用資料 業種別算定事例集」

業種柄、野菜、魚介類、食肉などの仕入れが発生するため、Scope3カテゴリ1排出量が多くなる。また、広告費もカテゴリ1に含まれる。また、カテゴリ9が多い理由としては、小売業の場合、店舗への来店に伴う顧客の移動も算定対象となる。来店者数、来店の手段（徒歩、自転車、自動車など）、店舗商圏から算定するが、来店型店舗である以上は必然と多くなる。また、ネット販売もおこなっているため総合的にカテゴリ9が多い。

事例④物流業（図3-6）

トラック輸送を主とする各種輸送、保管に関わる事業を運営する運輸会社。排出量の割合が多い順番に「Scope3カテゴリ1」「Scope1」となり、2つで87%を超える。

外部への運送委託（トラック、鉄道、船舶、航空）や下請運送会社へ

図3-6　物流業の排出量と割合

項目		CO_2(ton)	割合
Scope1	燃料等	450,000	20.8%
Scope2	電力	80,000	3.7%
カテゴリ1	購入した製品・サービス	1,448,647	67.0%
カテゴリ2	資本財	22,570	1.0%
カテゴリ3	エネルギー関連活動	36,993	1.7%
カテゴリ4	輸送、配送（上流）	501	0.0%
カテゴリ5	事業から出る廃棄物	6,524	0.3%
カテゴリ6	出張	2,709	0.1%
カテゴリ7	雇用者の通勤	58,534	2.7%
カテゴリ8	リース資産（上流）	13	0.0%
カテゴリ9	輸送、配送（下流）	0	0.0%
カテゴリ10	販売した製品の加工	0	0.0%
カテゴリ11	販売した製品の使用	0	0.0%
カテゴリ12	販売した製品の廃棄	111	0.0%
カテゴリ13	リース（下流）	50,000	2.3%
カテゴリ14	フランチャイズ	0	0.0%
カテゴリ15	投資	4,498	0.2%
総計		2,161,100	100%

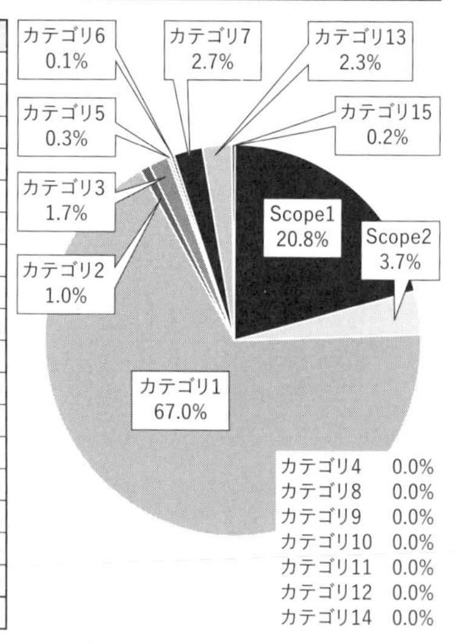

出所）環境省「グリーン・バリューチェーンプラットフォーム 自己学習用資料 業種別算定事例集」

の外注、自動車の修繕費などが発生するため、Scope3カテゴリ1が最も多くなる。また、自社排出量としても自社保有の車両を利用した運送によりScope1が必然と多くなる。

事例⑤溶剤販売業（Scope1～2を細分化した事例）（表3-5）

15拠点の事業所を構える中小の燃料販売業のイメージ。数値は実際の数値から変更して記載。排出量の割合が多い順番に「Scope2」「Scope1のガソリンの使用」「Scope1のLPGの使用」となり、3つで78%を超える。製造業のようにエネルギー使用量が多くない、一般的な事業所の場合はこのような排出割合となる。

通常はフロン類の使用にともなうHFCも算定すべきとなるが、フロン排出抑制法にともなう3年に1回の定期点検が対象期間外であったために算定対象外としている（フロン充填量および漏洩量が確認できないため）。

表3-5　溶剤販売業の排出量と割合

Scope分類	温室効果ガス	排出活動	使用量		排出係数		排出量(tCO_2)	割合
Scope1	エネルギー起源CO_2	LPGの使用	212	t	3	tCO_2/t	636	20.4%
		灯油の使用	20	KL	2.49	tCO_2/kl	50	1.6%
		軽油の使用	31	KL	2.58	tCO_2/kl	80	2.6%
		ガソリンの使用	305	KL	2.32	tCO_2/kl	708	22.7%
	CH_4	LPGの焼却	212	t	0.0008	tCO_2/t	0	0.0%
		灯油の焼却	20	KL	0.028	tCO_2/kl	1	0.0%
		軽油の焼却	31	KL	0.028	tCO_2/kl	1	0.0%
		潤滑油の焼却	12,350	KL	0.03	tCO_2/kl	371	11.9%
	N_2O	LPGの焼却	212	t	0.0021	tCO_2/t	0	0.0%
		灯油の焼却	20	KL	0.011	tCO_2/kl	0	0.0%
		軽油の焼却	31	KL	0.011	tCO_2/kl	0	0.0%
		潤滑油の焼却	12,350	KL	0.012	tCO_2/kl	148	4.8%
	>小計						2,006	64.3%
Scope2	エネルギー起源CO_2	電力の使用	2,447,800	kWh	0.000454	tCO_2/kWh	1,111	35.7%
>合計							3,117	100.0%

出所）（株）船井総合研究所作成

前述しましたが、中小企業はScope1,2、中堅～大企業はScope1,2,3の排出量を算定することがスタートです（**図3-7**）。上記のように業種によって、企業規模によって排出量や排出割合が違いますので、まずは、それを把握することが大切です。

また、排出量算定は、単年度に限らず、最低でも過去3ヵ年、できれば月別（36ヵ月）の排出量総量の推移を把握することが必要で、さらに、総量に限らず、相対的にも把握すべきです（図3-8）。売上あたりのCO_2排出量を示すカーボンインテンシティという考え方がありますが、売上対比（売上百万円あたりのCO_2排出量）や製品原単位（1製品個数あたりのCO_2排出量）などの視点で把握できると良いでしょう。製造業が最もわかりやすい例となりますが、受注量が増えた場合に、生産設備の稼働時間が増えることが多分に発生し、その分エネルギー消費が増え排出量も増えてしまいます。そのようなケースを想定して、相対的にもCO_2排出量を把握すべきなのです。

図3-7　Scopeごとの排出量の推移

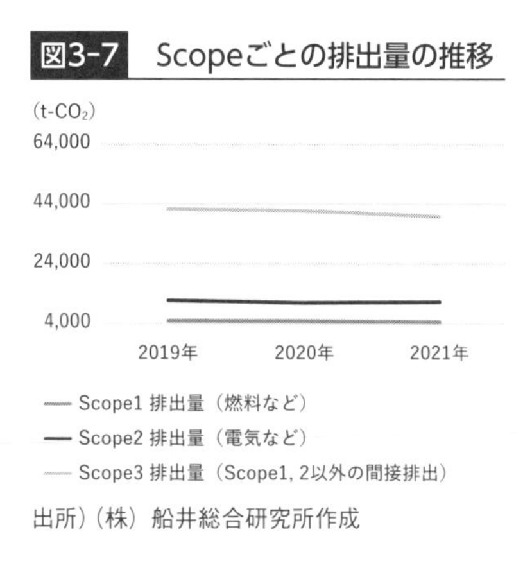

出所）（株）船井総合研究所作成

図3-8　カーボンインテンシティでの排出量状況

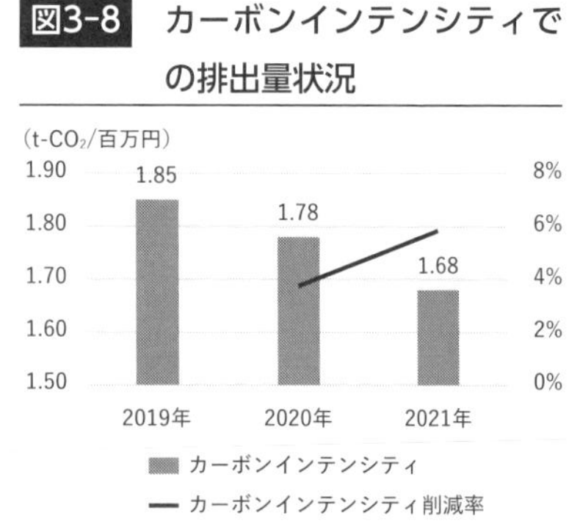

出所）（株）船井総合研究所作成

6 設備ごと・ラインごと・製品ごとに排出量を可視化

（1）排出量の細分化と可視化

本内容は特に製造業に関して言えることですが、**企業全体の排出量の総量をScopeごとに把握したら次におこなうことは、自社排出量（Scope1,2）をより細分化して、可視化することです。**Scope1,2はあくまでも企業全体、あるいは事業所全体のCO_2排出量の総量に過ぎません。

その総量を設備別（空調機・照明・エアコンプレッサ・工業炉・加工機・搬送機・生産設備・ボイラ…）に落とし込み、あるいはAラインで○t-CO_2、Bラインで○t-CO_2のようにライン別に落とし込む、最終的には製品別に（製品種類別1個あたりの排出量）落とし込むことが重要です。**ここまで落とし込む理由には、2点あります。①製造現場の意識を上げて削減に繋げるため、②取引先に対する排出量の開示のため、となります。**

①は要するに、設備ごと・ラインごとにCO_2排出量を把握することで、CO_2排出量が多い設備の特定に繋がり、ラインごとの比較や製造現場担当者ごとの比較、あるいは、時間帯別に比較することで、設備の削減のための改善活動を促すことが目的です。

意外と多い状況として、製造現場担当者が自身の担当する設備から製品情報（個数など）は把握しているにもかかわらず、CO_2排出量は把握していないという状況です。よって、製造現場担当者にCO_2排出量の意識をもってもらうためにも設備ごと・ラインごと・製品ごとの排出量の可視化が必要なのです。製造現場担当者は、本来、製品の製造に注力しているために、CO_2排出量という意識がないものです。

②は脱炭素化がこれからますます加速していく中で、大手企業を取引先にもつ企業は、その大手企業からの脱炭素への取り組みや要請が強まっていきます。先ほど排出量算定事例をご覧いただき、感じられた方も多いかと思いますが、排出量の割合として多いものに、Scope3カテゴリ1がほぼ必ず上がるのです。

大手企業のScope3カテゴリ1は中小企業のScope1,2の一部でもあるのです（**図3-9**）。Scope3カテゴリ1の原材料の調達については、大手企業が中小企業からモノを仕入れている場合などが考えられますが、そのような場合、大手企業としてはScope3カテゴリ1の排出量削減施策として、その中小企業のCO_2排出量を削減する要請を出していくことになるのです。

その際の重要な考え方としては、極力**"一次データが望ましい"**ということです。中小企業も多くの企業と取引する中の1社がその大手企業となります。その大手企業に提供する分に限った製品やサービスのCO_2

図3-9　中小企業のScope1,2の把握

中小企業のScope1.2	
Scope1:●t-co_2	Scope2:●t-co_2

大手企業A向けのライン

・電力使用量
・燃料使用量
→CO_2排出量

大手企業B向けのライン

・電力使用量
・燃料使用量
→CO_2排出量

大手企業C向けのライン

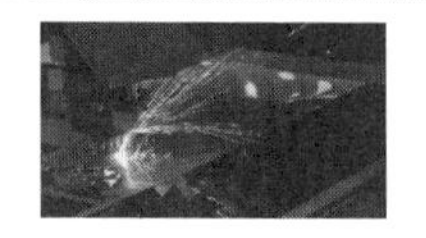

・電力使用量
・燃料使用量
→CO_2排出量

出所）（株）船井総合研究所作成

排出量を開示する必要があるのです。その際に、ラインごと・設備ごとのように細分化されたCO_2排出量があれば、一次データ（より正しいデータ）の報告が可能になるのです。

（２）IoT活用のすすめ

余談となりますが、ラインごと・設備ごと・製品ごとのCO_2排出量可視化のためには、IoTを活用することをおすすめいたします。IoTを活用することで、"常時"人の手間をかけずに、ラインごと・設備ごと・製品ごとの可視化が可能になります。

ここまでご紹介した内容が「温室効果ガス排出量の可視化」となります。排出量の可視化とは、言わば人間でいうダイエットのための体重測定と同様です。ダイエットもまずは現状把握のために体重計に乗り、その上で目標設定をおこない、定期的に測定して、現状や進捗管理をおこなうはずです。排出量についても同様に、まずは現状を把握し、可能であれば毎月定期的に算定をおこない、進捗管理していくことが大切です。

また、昨今は排出量算定時に活用できるSaaS型のクラウド算定システムの利用が拡大しています。第Ⅲ部の注目の技術でもご紹介しますが、株式会社ゼロボードが提供する「zeroboard」は、経験が少ない方でも排出量算定ができるような専門性を必要としないアンケート形式の入力フォーマットで現在導入社数2,000社（2022年11月時点）を超えているクラウドシステムです（**図3-10**）。

特に、あまりこの分野に知見がある担当者がいない企業や多事業所展開をされている企業、社内の複数名で排出量を管理する必要がある企業には向いているシステムでしょう。

図3-10　排出量算定で活用できるSaaS型のクラウド算定システム「zeroboard」

信頼性

- ✓ 導入社数1,800社超（2022年8月）のデファクトスタンダードシステム
- ✓ 国際規格（ISO14064-3）に準じた信頼性の高いサービス

操作性と機能

- ✓ 専門性を必要としないアンケート形式の入力フォーマット
- ✓ 製品別・サービス別（CFP）の排出量算定機能

データ連携

- ✓ サプライヤからのデータ収集機能に加え、金融機関、自治体などとデータを連携を可能とすることで、ユーザ企業の脱炭素経営を支援

出所）株式会社ゼロボードより提供

第4章

ポテンシャル把握

1 Scopeごとの削減ポテンシャル整理

第３章では、温室効果ガス排出量の可視化の方法、算定における考え方、具体的な算定方法および管理方法についてご紹介しました。**第４章では、温室効果ガス排出量の可視化の次におこなうべき「温室効果ガス排出量の削減ポテンシャルの把握」についてご紹介します。**これは、現在のエネルギー使用状況や自社の設備構造やCO_2排出量の削減施策ごとの削減量、投資予算などをベースに、自社の削減ポテンシャルを整理していくということです。

先ほど、第３章にて、Scopeごとの排出量の割合や排出活動ごとの排出量の割合を算定しましたが、主な考え方として、排出量割合が大きい排出活動の削減施策および削減ポテンシャルを把握し、検討していくことが大切です。

それでは、まずは、第３章でご紹介した「プラスチック部品製造会社」「建設業」「小売業」「物流業」の４業種で、それぞれのScopeごとの排出量割合を比較していきます。**表4-1**は、４業種での排出量割合をまとめたものです。図にして一覧にするとわかりやすいのですが、その業種ごとに特徴が表れます。各業種の排出量割合に関しては、第３章で紹介していますので割愛をしますが、この排出量割合が大きい排出活動の削減施策および削減ポテンシャルを把握していけると良いでしょう。

表4-1　4業種での排出量割合

項目			プラスチック製品製造	建設業	小売業	物流業
Scope1		燃料等	8.4%	0.8%	1.7%	**20.8%**
Scope2		電力	**20.2%**	1.8%	4.1%	3.7%
Scope3	カテゴリ1	購入した製品・サービス	**32.9%**	**30.8%**	**44.6%**	**67.0%**
	カテゴリ2	資本財資本財	5.2%	3.9%	6.4%	1.0%
	カテゴリ3	エネルギー関連活動	4.2%	2.9%	1.3%	1.7%
	カテゴリ4	輸送、配送（上流）	**13.5%**	9.6%	3.7%	0.0%
	カテゴリ5	事業から出る廃棄物	0.1%	**15.1%**	0.1%	0.3%
	カテゴリ6	出張	0.0%	0.0%	4.3%	0.1%
	カテゴリ7	雇用者の通勤	1.4%	1.3%	6.0%	2.7%
	カテゴリ8	リース資産（上流）	0.0%	0.0%	0.0%	0.0%
	カテゴリ9	輸送、配送（下流）	0.0%	0.0%	**21.7%**	0.0%
	カテゴリ10	販売した製品の加工	3.9%	1.5%	0.0%	0.0%
	カテゴリ11	販売した製品の使用	0.0%	**22.2%**	1.0%	0.0%
	カテゴリ12	販売した製品の廃棄	2.5%	8.3%	0.6%	0.0%
	カテゴリ13	リース（下流）	0.0%	1.2%	2.7%	2.3%
	カテゴリ14	フランチャイズ	0.0%	0.0%	0.0%	0.0%
	カテゴリ15	投資	7.5%	0.7%	1.6%	0.2%

※強調箇所は排出量割合10%を超える活動
出所）環境省「グリーン・バリューチェーンプラットフォーム 自己学習用資料 業種別算定事例集」をベースに（株）船井総合研究所作成

2 Scope1における削減ポテンシャル把握

Scope1は、第3章で紹介したように、主に燃料の使用による排出量となります。一部、アルミニウムの製造時の温室効果ガスの排出、溶剤への使用などによる温室効果ガスの排出など、特殊なケースもありますが、本章では各企業共通の排出活動として該当することが多い、「都市ガス」、「LPG」、「重油」のように給湯器やボイラで使用するケースや営業用車両として使用する自動車の「ガソリン」、空調機の利用で使用する「フロン類」についてのポテンシャル把握いわゆる省エネ施策を中心にご紹介いたします。

脱炭素の推進（いわゆるCO_2排出量の削減）のための基本となる活動はやはり省エネです。現状、使用している設備の運用の見直しや高効率設備への更新・リニューアル、外付けのアタッチメントによる効率化などが中心になります。

(1)「都市ガス・LPG」(表4-2)

「都市ガス・LPG」は、図のように、主に工業用としては給湯器として使用され、製造業になると蒸気ボイラ、工業炉で使用されることが多い化石燃料となります。**給湯器については、CO_2排出量の削減施策としてできることは限られており、高効率なエコ給湯器に更新していくのが一般的です。**

蒸気ボイラは、主に①本体、②蒸気配管、③蒸気使用設備、④廃熱利用の4つの省エネ視点があります。①本体でできる内容としては、高効率ボイラや電気ボイラへの更新、台数制御があります。特に電気ボイラは、大規模工場などでボイラから生産ラインまでの蒸気配管の距離が遠い、燃料配管がない、蒸気使用設備の起動や停止が多いなどの場合に採用されることが多く、ガスボイラと異なって分散設置が可能なため、熱輸送のロスの低減や、CO_2排出量の削減にも繋がります。また、昨今は脱炭素化された電力を使用する“電化”が着目されているため、電気ボイラは選択肢として入れたいものです。

②蒸気配管でできる内容としては、蒸気配管の保温による輸送中のドレン量の低減、省エネトラップの採用による蒸気漏洩量の削減、アキュームレータの設置による負荷変動への対応などがあります。

③蒸気使用設備としては、主には給湯タンクや湯槽の放熱対策のために断熱や遮熱をおこない保温する方法、④廃熱利用としては、蒸気使用後の末端のドレン回収、ボイラ自体の廃ガスの回収、廃温水回収などにボイラの給水温度の加温に利用するなどがあります。

工業炉については、①本体として低炭素工業炉への更新、②廃熱利用として廃ガス回収による給気温度の加温、③保温として炉体への断熱・遮熱による熱エネルギーの保存、④新燃料への切り替えとして、水素・アンモニアといったCO_2排出がない燃料への切り替えがあります。ただし、新燃料への切り替えについて、水素は既にボイラー・バーナーが一部実用化されていますが、既存燃料との燃焼特性の違いから更なる技術開発が必要で、また輸送も含めたコストに課題があります。同じくアンモニアも、火炎性能の向上（燃焼時の火炎温度が低い）、大型化の際のNOx制御、アンモニアの完全燃焼等に課題があり、新燃料への切り替えはまだ現実的ではないのが実態です（2022年９月段階）。

表4-2　Scope1の削減施策の例

対象	対象設備の例	削減施策の例		削減対象の温室効果ガス				削減効果
				CO_2	CH_4	N_2O	HFCs	
都市ガス・LPG	給湯ボイラ	—	エコ給湯器（エコジョーズ・エコキュートなど）の導入	○	○	○		小
	蒸気ボイラ	①本体	高効率ボイラへの更新	○	○	○		中
			電気ボイラへの更新					中
			台数制御					小
		②蒸気配管	蒸気配管の保温（断熱・遮熱）	○	○	○		小
			省エネトラップによる蒸気漏洩量の低減	○	○	○		中
			アキュームレータの設置					小
		③蒸気使用設備	蒸気使用設備の放熱対策・保温（断熱・遮熱）	○	○	○		中
		④廃熱利用	ドレン回収による給水温度の加温	○	○	○		中
			廃ガス回収による給水温度の加温	○	○	○		中
			廃温水熱回収ヒートポンプの導入	○	○	○		中
	工業炉	①本体	低炭素工業炉への更新	○	○	○		中
		②廃熱利用	廃ガス回収による給気温度の加温	○	○	○		中
		③保温	炉体の保温（断熱・遮熱）	○	○	○		中
		④新燃料への切り替え	水素・アンモニアへの切り替え（バーナー交換）	○	○	○		大
重油	蒸気ボイラ	①燃料転換	燃料転換＆高効率ボイラへの更新	○	○	○		中
	工業炉	①燃料転換	燃料転換＆低炭素工業炉への更新	○	○	○		中
ガソリン	自動車	①燃料転換	HVへの切り替え	○				小
			PHVへの切り替え	○				中
			EVへの切り替え	○				大
			FCVへの切り替え	○				大
フロン類	空調機	—	冷媒R22から冷媒410Aや冷媒R32機種への切り替え				○	中
	冷凍機・ヒートポンプ	—	自然冷媒（アンモニア・CO_2）機種への切り替え				○	大

出所）（株）船井総合研究所作成

また、最近は燃料供給会社が「カーボンオフセットガス」を販売するケースが増えてきました。これは、都市ガスやLPGを燃焼した際に排出されるCO_2をカーボン・クレジット等の環境価値によりオフセット（相殺）し、実質排出量を0とみなすことができるガスのことです（ガスの品質に変更はありません）。通常の都市ガスやLPGの購入価格にカーボン・クレジットの料金が上乗せされ、コスト高にはなりますが、大きくCO_2排出量を削減する手段の一つとなります。

ただし、**注意点としては、カーボンオフセットガスは“ボランタリー的な扱い”となってしまい、“GHGプロトコル上では排出量の削減として認められていない”状況であり、SBT等の国際イニシアティブへの認定を目指す際には活用できない、温対法への報告としても活用できない仕組みになっております。**あくまでも対外的なPRを目的とした活用であれば問題ないですが、正しいルールに沿ったCO_2排出量の算定および削減という観点からは活用できないものとなります。しかし、あくまでも現時点でのカーボンオフセットガスに対する状況となりますので、ご注意ください。

似たような仕組みに、「カーボンニュートラルガス」がありますが、こちらも同様です。カーボンオフセットガスとの違いは、一般的にオフセット（相殺）の範囲です。カーボンオフセットガスが燃焼した際に排出されるCO_2のみを対象としている一方で、カーボンニュートラルガスは、ガスの採掘・調達、輸送、燃焼までの一連のライフサイクル全体を範囲とし、排出されるCO_2をゼロにできるものです（**図4-1**）。ただし、実際にどの範囲を対象にしているかは燃料供給会社により異なりますので、よくよく理解されるようにしてください。

「カーボンオフセットガス」「カーボンニュートラルガス」は、調達先が見つかればすぐ導入できるというのが最大のメリットとなりますが、前述の通り、GHGプロトコル上活用できない、また、環境価値というもの自体が他社のCO_2削減量の価値であり、その価値を移行しているだけであるため、社会全体としてのCO_2排出量は減っていない、本来は自

図4-1　カーボンオフセットガスとカーボンニュートラルガスのイメージ

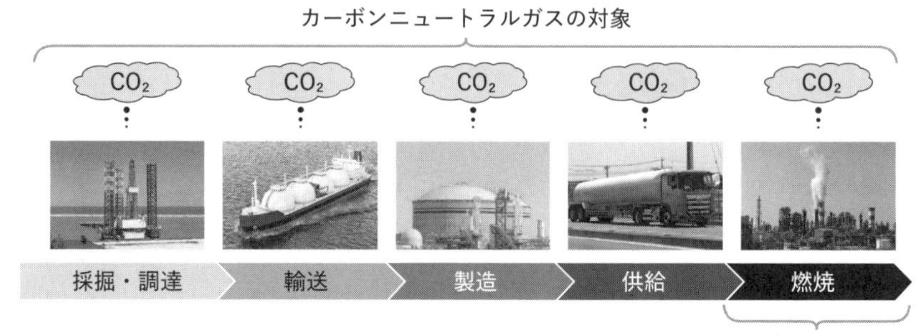

カーボンニュートラルガス：採掘･調達、輸送、製造、供給、燃焼の一連のプロセスから排出されるCO_2が対象
カーボンオフセットガス：燃焼した際に排出されるCO_2

出所）（株）船井総合研究所作成

社自らの設備投資に充てるべき資金を使ってその他社のCO_2削減量を購入しているという認識を持った上で、検討されると良いでしょう。

（2）重油

「重油」についても削減施策の内容は、「都市ガス・LPG」と同様となりますが（重油ボイラ本体の廃ガス回収は窒素酸化物NOx、硫黄酸化物SOxという酸性雨や大気汚染の原因ともなるため採用は控えたい）、よりCO_2排出量が少ない「都市ガス・LPG」への燃料転換が必要となります。

（3）ガソリン

「ガソリン」については、HV/PHV/EV/FCVへの切り替えが削減施策となります。特にEVについては、2021年10月31日から英国グラスゴーにて開催された「第26回国連気候変動枠組み条約締約国会議（COP26）」において、「世界のすべての新車販売について、主要市場で2035年までに、世界全体では2040年までに電気自動車（EV）等、二酸化炭素を排出しないゼロエミッション車とすることを目指す」という共同声明が発表されました。

当時、日本は署名をしなかったというニュースがありましたが、このように欧州を中心として世界ではHV/PHVが販売禁止の対象になりつつある中、日本でも2021年１月18日の第240回国会の施政方針演説にて、菅義偉前首相は2035年までに新車販売で電動車100％を実現し、ガソリン車（ディーゼル車含む）の新車販売を終了することを表明しました。電動車にはHV/PHV/EV/FCVのすべてが該当し、世界的な潮流とは異なっている現状もありますが、いずれにしろ**ガソリン車の製造に世界から規制がかかり、電気自動車に移り変わっていく世の中になっていくことが予想されます（表4-3）**。

表4-3　自動車の電動化推進に向けて

カテゴリー		目標
乗用車		・**2035年**までに**新車販売**で**電動車100%**（HV,PHV,EV,FCV）
商用車	8トン以下の小型	・**2030年までに新車販売で電動車20 ～ 30%** ・2040年までに新車販売で電動車と合成燃料等の脱炭素燃料の利用に適した車両で合わせて100%
	8トン以上の大型	・貨物・旅客事業等の商用用途に適する電動車の開発・利用促進に向けた技術実証を推進 ・2020年代に5,000台の先行導入 ・水素や合成燃料等の価格低減に向けた技術開発・普及の取組の進捗 ・2030年までに2040年の電動車の普及目標を設定
充電インフラ	充電スタンド	・**2030年**までに**充電インフラ（急速・普通含む）を15万基**設置（現在：急速8,265基、普通：21,198基 ※5倍に拡充） ・充電設備の普及が遅れている集合住宅に対する導入を促進 ・**2030年までにガソリン車並みの利便性**を実現
充填インフラ	水素ステーション	・燃料電池自動車・燃料電池バス及び燃料電池トラックの普及を見据え、2030年までに1,000基程度の水素ステーションの設置

出所）経済産業省「2050年カーボンニュートラルに伴うグリーン成長戦略」

しかし、自動車単体で見ていくと、製造、輸送、走行時、廃棄までを含むライフサイクル全体で考えなければなりません。実は、製造過程においては、電気自動車の方がガソリン車よりCO_2を排出すると言われています（ガソリン車の2倍～2.5倍程度）。走行時のCO_2排出量はガソリン車の方が倍近くなりますが、製造時の排出量を加味するとトータルではさほど変わらないという結果も一部報道ではあります。要するに製造時に使用する電力の電源構成（エネルギーミックス）次第ということです。石油・石炭などの化石燃料を使用した火力発電の構成が高い場合には、電気自動車の方がトータルでのCO_2排出量が多くなってしまうこともあるようです。将来的に、再生可能エネルギーがさらに普及し、原子力発電の再稼働により、非化石電力が進むことで改善されていくことではありますが、電気自動車を検討する際には、頭に入れておきたい事項です。

（4）フロン類

フロン類は、空調機、冷凍機、ヒートポンプなどで使用されることが

表4-4　冷媒種類別のオゾン層破壊係数・地球温暖化係数

冷媒の種類	フロン系冷媒				自然冷媒		
	HCFC 冷媒（特定フロン）	HFC 冷媒（代替フロン）					
主な冷媒	R22	R410A	R404A	R32	NH3	CO_2	N2
ODP（オゾン層破壊係数）	0.055	0	0	0	0	0	0
GWP（地球温暖化係数）	1810	2090	3920	675	0～1	0～1	0
状況	・モントリオール議定書規制対象 ・2020年に製造全廃	・オゾン層の破壊はなし ・段階的な削減計画 ・京都議定書で温室効果ガスに指定		—	規制なし		

出所）環境省「フロン類算定漏えい量の算定・報告に用いる冷媒種類別 GWP 一覧」
経済産業省「オゾン層破壊係数（ODP値）一覧」を基に（株）船井総合研究所作成

多いのですが、主にはHCFC冷媒フロンとして比較して地球温暖化係数が低いHFC冷媒機種への切り替え、自然冷媒機種への切り替えなどが削減施策としてはあげられます（表4-4）。**自然冷媒とは、人工的に作ったものではなく、自然界に元々存在している物質（アンモニア、二酸化炭素、水、炭化水素、空気（窒素）など、環境にやさしい物質を使用した冷媒のことを指します。化学的に合成されたフロンガスとは異なり、容易に分解されるためオゾン層破壊係数（ODP）および温暖化係数（GWP）が非常に低いことが特徴です。**

3 Scope2における削減ポテンシャル把握

Scope 2は、第3章にてご紹介したように、主に電力の使用による排出量となります。Scope2もScope1同様に削減のためのさまざまなアプローチがありますが、特に代表的な削減施策を中心にご紹介いたします。

（1）再エネ設備の導入

再生可能エネルギー設備には、太陽光発電、風力発電、バイオマス発電、地熱発電、水力発電がありますが、中小企業が導入しやすい設備としては、やはり太陽光発電設備となります（自家消費型太陽光）。

国全体としても2030年度の電源構成として、太陽光発電設備の比率を15％にまで増やしたいという意図があり（現在は8％程度）、積極的に補助金、税制優遇をおこなうなど優遇措置があります。

自家消費型太陽光のメリットとしては、CO_2排出量の大幅な削減が見込めること（設置可能面積による）、自社の電気料金の削減にも繋がることがあげられます。その他にも副次的なメリットとして、太陽光パネルが直射日光を反射・遮断することによる遮熱効果に加え、太陽光パネルが環境施設として認められているため、工場立地法対策にもなります。

また、中小企業経営強化税制の活用ができれば、太陽光発電設備の取得費用を即時償却も可能いった点も魅力的な内容の一つでしょう（詳細は会計士・税理士へご相談ください）。

自家消費型太陽光設備の導入は、大きく分けて2パターンあり、「自社の敷地内に設置するオンサイト型」と「自社敷地外に設置して、発電した電気を送電網を通して自社に供給するオフサイト型」があります（**図4-2**）。昨今、太陽光発電設備の導入が広がる中で、「自社に太陽光発電設備を設置するスペースがない」「屋根への荷重により耐震構造に問題が生じる」という課題が見えてきました。それに対して、「オフサイト型の太陽光発電設備」の導入がこれからますます広がっていくことが予想されます。

ただし「オフサイト型」、いわゆる自己託送には、発電事業者と需要家が「密接な関係」になくてはならない（緩和されてきている傾向にはある）、託送料が発生する分経済的なメリットが少なくなる、インバランスリスクが発生する（需要量と供給量を30分単位で予測および計画値と報告後の実績値のズレによる「インバランス」発生時のペナルティ※計画値同時同量制度）などのように、検討段階においては課題および懸念事項がありますので、ご認識ください。

また、**現在では“初期投資ゼロ”で自家消費型太陽光の電力を調達できるPPAモデル（Power Purchase Agreement・電力の購入契**

図4-2　自家消費型太陽光の導入パターン

方法①　屋根上・敷地内に設置（オンサイト）

自社の建物の屋根上や敷地内に太陽光発電施設を建設し、創った電気を自社にて消費するモデル（オンサイト型）

<イメージ図>

方法②　遠隔地に設置（オフサイト）

自社敷地外に太陽光発電施設を建設し、発電した電気を系統線を通じて自社に供給するモデル（オフサイト型）

<イメージ図>

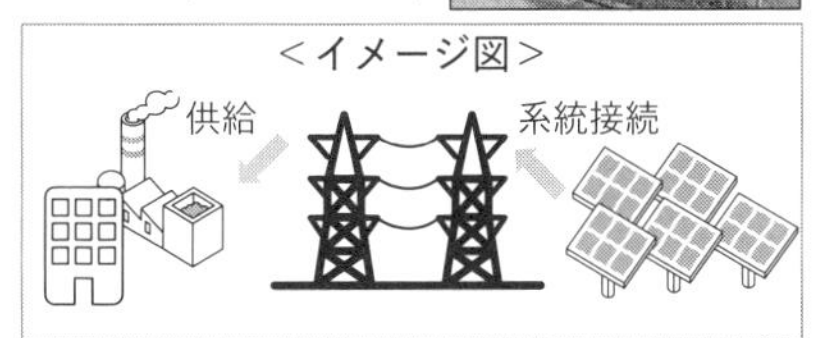

出所）（株）船井総合研究所作成

約＝一般的にはコーポレートPPAやオンサイトPPAとも呼ぶ）の活用も可能です。電力需要家となる自社が、発電事業者との間で長期にわたって太陽光電力の購入契約を交わすというものです。スキームのイメージとしては、自社の敷地を発電事業者（PPA事業者）へ貸し、その敷地に発電事業者が発電事業者負担で太陽光発電設備を設置、発電した再エネ電力を自社が長期間購入していくというものです。太陽光発電設備自体はPPA発電事業者の資産となります（**図4-3**）。

再エネ電力を購入する自社にとっては、何よりも太陽光発電設備の再エネ電力を初期投資費用をかけずに調達することができ、さらには、現在電力会社から買っている電気代を安くすることができます。再エネ電力を長期間、安定的に調達できるというメリットがあり、ここ数年間で導入が非常に拡大しているスキームです。

さらに、**コーポレートPPAには①フィジカルPPAと②バーチャルPPAの2種類が存在します（表4-5）。**

図4-3　PPAモデルのイメージ

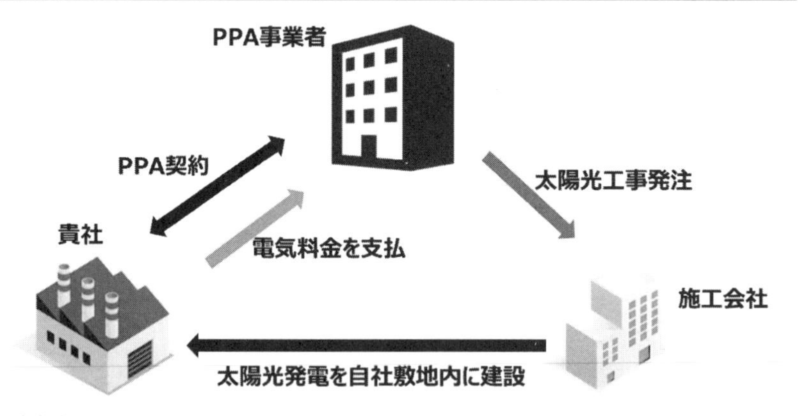

出所）（株）船井総合研究所作成

表4-5　PPAの種類

PPAモデル		コーポレートPPA		
		フィジカルPPA		バーチャルPPA
		オンサイトPPA	オフサイトPPA	オフサイトPPA
モデル概要		自社敷地を発電事業者(PPA事業者)へ貸し、敷地に発電事業者が発電事業者負担で太陽光発電設備を設置し、発電した再エネ電力を自社が長期間購入	自社拠点から離れた場所にある太陽光発電設備から送配電ネットワークを経由し、電力供給を受ける。自社は発電事業者と契約した電力購入の固定価格に加えて、送配電ネットワークを運営する事業者に送配電ネットワークの使用料（託送料）を支払う	発電事業者と自社の間に電力の供給関係はなく、発電事業者は卸電力市場に電力を売却して、環境価値だけを自社に提供。電力に関しては仮想(バーチャル)の取引。自社は通常の電力契約を小売電気事業者と締結
契約先		発電事業者	小売電気事業者 ※通常、発電事業者は電力販売ができないが、2021年11月より、自己託送の定義の拡大によって発電事業者と需要家が「密接な関係」になくとも、共同の組合を設立することによって直接電力売買契約を締結可能になっている	PPA事業者
コスト	設置費用	0円	0円	0円
	託送料	不要	必要	不要
	発電設備のメンテナンス費	不要	不要	不要
	再エネ賦課金	かからない	かかる	かからない ※小売電気事業者からの購入にはかかる
価値	調達	再エネ電力＋環境価値	再エネ電力＋環境価値	環境価値のみ ※電力は小売電気事業者から供給
契約	期間	15年～20年と長期契約	15年～20年と長期契約	―
	価格	契約期間中は固定価格	契約期間中は固定価格	契約価格と市場価格に基づく差金決済
需要家にとっての課題・懸念事項		・逆潮流の抑制	・送電網の空き容量が不足のケースあり（容量アップのための工事負担の可能性あり） ・インバランスリスク（同時同量の担保）	・日本での事例が少ない

出所）（株）船井総合研究所作成

①フィジカルPPAとは、発電事業者が需要家に対して再エネ電力と環境価値をセットで供給するモデルで、現実（フィジカル）に電力を供給することからフィジカルPPAと呼ばれます。

②バーチャルPPAとは、フィジカルPPAと異なり、発電事業者と需要家の間に電力の供給関係はなく、発電事業者は卸電力市場に電力を売却して、環境価値だけを需要家に提供するモデルです。需要家は通常の電力契約を小売電気事業者と結びます。発電事業者による再エネ電力に関しては仮想（バーチャル）の取引になることからバーチャルPPAと呼ばれます。バーチャルPPAは米国で急速に拡大している現状があります。

国内においては、①フィジカルPPAとしてオンサイト型PPAが急速に拡大し、オフサイトPPAが徐々に拡大してきている段階です。

さらに、昨今は蓄電池も普及してきています。蓄電池の導入メリットは、主に深夜帯の安い電力を充電し、昼間の電気料金が高い時間帯で放電できること、災害用のバックアップ電源として確保できること、デマンドカットに活用でき基本料金を安くできることなどがあげられますが、CO_2排出量の削減に対する寄与度はそこまで大きくありません。

また、デメリットとして、現段階において、蓄電池は導入価格が高価なわりに、経済的メリットが少ないという状況もあるため、検討する際には国が公募している補助金を活用すると良いでしょう。

（2）再エネ電力・CO_2フリー電力への切り替え

現状の電力契約プランを再エネ100％プランやCO_2フリープランへ契約変更するという方法があります。現在、小売電気事業者のうち40社程度が再エネ100％やCO_2フリー電力を販売しています（**表4-6**）。

表4-6　2022年9月時点の旧一般電気事業者の再エネ電力プラン

取り扱い企業	プラン例	内容
東京電力エナジーパートナー	アクアプレミアム	水力発電所で発電された電気に再エネ指定の非FIT非化石証書を100%使用した再エネ電気を供給
中部電力ミライズ	信州Greenでんき	長野県企業局が運営する水力発電所などでつくられた電気およびその発電所に由来する非化石証書を活用して再エネ電気を供給
東北電力	よりそう、再エネ電気	東北・新潟各地の豊かな水力100％の電気を使用し、非化石証書の使用により環境価値を付加し、再エネ電気を供給
北海道電力	カーボンFプラン	再エネ電源（当社が保有する水力発電等）由来の環境価値を活用することで、実質的に再エネ100％の電気を供給
北陸電力	かがやきGREEN	火力・再エネ等が混在した電気や再エネ電気に非化石証書を使用して、再エネ電気を供給（トラッキング付非化石証書あり）
関西電力	再エネECOプラン	実質的に再生可能エネルギー由来のCO_2フリー電気を供給（トラッキング付非化石証書あり）
中国電力	再エネ特約〈プレミアム〉	再エネ発電所（水力・太陽光・バイオマス）などから電気と環境価値を合わせて供給（トラッキング付非化石証書あり）
四国電力	再エネPlus＋	再生可能エネルギー由来の非化石証書の持つ環境価値を付加し、実質的に再生可能エネルギー100％の電気
九州電力	再エネECO極	再エネ電気とその再エネ価値を提供するだけでなく、地熱発電に限定するといった特定電源種特定にも対応
沖縄電力	うちな～CO_2フリーメニュー	再エネ発電や、沖縄県内にて購入した再エネ等発電によるCO_2排出量がゼロの付加価値（非化石証書）を提供

出所）各電力会社のWEBサイトを参照に（株）船井総合研究所作成

メリットとしては、電力契約の変更自体は“初期費用ゼロ”ででき、さらに、CO_2排出量の大幅な削減に繋がる（Scope2を０にできる）ことです。

一方で、購入する電力単価自体は上がりますので、電気代が上がってしまうデメリットがあります。さらに昨今は、世界的な原油高の影響も受け、電力の安定供給が問題となり、再エネ電力でなくても電力単価が上昇しています。大手企業のように資金が潤沢ではない中小企業にとっては、再エネ電力に切り替えることでさらに電力単価が上がってしまう懸念がありますので、投資余力とのバランスを見ながら検討していけると良いでしょう。

また、これらの電力プランから選ぶ際の注意点があります。非化石証書という環境価値がついている場合は、政府によるトラッキング付きかどうかがポイントです。トラッキングとは位置や再エネ種類などの発電所情報が明確であるということです。

詳細は、この後の「（3）環境価値の購入」において、後述いたしますが、RE100あるいはRE Actionのイニシアティブへの加盟を検討されている場合においては、トラッキングがついていない単なる再エネ指定の非化石証書の場合は、適合しません。GHGプロトコル上におけるCO_2排出量の削減（Scope2削減）およびCDP・SBTとった国際イニシアティブへの対応については、トラッキングがついていない非化石証書であっても利用可能ですのでその点ご留意ください。

（3）環境価値の購入

環境価値とは、太陽光発電などの再エネ電力、設備投資による省エネなどに、エネルギーそのものの価値の他に“CO_2を排出しない”、“CO_2排出量の削減につながる”という価値があると見なし、その価値を「環境価値」として切り離したものです。

この環境価値を購入することで、自社のCO_2排出量の削減に繋がります。環境価値には、主に①グリーン電力証書、②グリーン熱証書、③J-クレジット、④非化石証書の４種類があり、これらは発行者ごとに、価格や内容が異なります（**表4-7**）。

①**「グリーン電力証書」**は、「グリーン電力証書発行事業者」が運営元となり、名称の通りグリーンな電力（再生可能エネルギーで発電された電気）に関する環境価値となります。

再生可能エネルギーで発電された電気は「電気そのものの価値」のほ

表4-7　環境価値について

名称	グリーン電力証書	グリーン熱証書	J-クレジット	非化石証書
認証機関発行者	一般財団法人日本品質保証機構	一般財団法人日本品質保証機構	経産省・環境省・農水省が共同運	低炭素投資促進機構
購入先	グリーン電力証書発行事業者	グリーン熱証書発行事業者	・売り出しクレジット一覧から直接購入 ・入札販売への参加 ・オフセットプロバイダーからの購入	・小売電気事業者からの購入 ・再エネ価値取引市場から直接購入 ・仲介事業者からの購入
対象になる自然エネルギー	太陽光、風力、水力、地熱、バイオエネルギー	太陽熱、木質バイオマス熱	太陽光、風力、水力、地熱、バイオエネルギー、省エネ機器導入、森林	太陽光、風力、水力、地熱、バイオエネルギー、原子力
再エネ由来	○	○	○ (再エネ由来以外のものもあり)	○ (再エネ由来以外のものもあり)
購入価格	7円/kWh ※東京都環境公社保有 2020年度	発行事業者により異なり、26円～/MJ ※東京都環境公社保有 2020年度	再エネ由来：3,278円/t-CO_2(約1.5円/kWh) 省エネ由来：1,607/t-CO_2 ※平均落札価格 2022年4月 森林由来：10,000円～20,000円/t-CO_2 ※オフセットプロバイダーへのヒアリング	再エネ価値取引市場での、約定最低価格は0.3円/kWh～、最高価格は2.0円/kWh ※2022年2月10日

出所）東京都地球温暖化防止推進センター
J-クレジット制度事務局「J-クレジット制度について」
経産省「資源エネルギー庁 非化石価値取引について」2022年11月17日をベースに（株）船井総合研究所作成

かに、CO_2排出削減といった付加価値を持った電力と考えることができます。その付加価値だけを切り離して「環境価値化」し、グリーン電力証書として取り引きされています。主にFIT（固定価格買取制度）認定を受けていない発電設備が対象です。

グリーン電力証書の購入者は、実際には再生可能エネルギー発電設備を所有していなくても、「環境価値」を持つことができ、グリーン電力を使用していることを広告などで表示することが可能になります。大量に購入するほど価格が安価になる傾向にあり、４円～７円/kWhぐらいで調達が可能です。購入自体は「グリーン電力証書発行事業者」から可能です。

また、グリーン電力証書は、GHGプロトコル上のScope2排出量の削減、温対法（グリーンエネルギーCO_2削減相当量として認証を受けることで利用可能)、CDP・SBT・RE100・REActionといった国際イニシアティブへの活用も可能です。

②**「グリーン熱証書」**は、太陽熱、木質バイオマス熱等のCO_2を排出しないグリーン熱の環境付加価値を、証書発行事業者が第三者認証機関の認証を得て発行し、「グリーン熱証書」という形で取り引きする仕組みです。

GHGプロトコル上におけるScope2排出量の削減、温対法での報告（排出量・排出係数調整)、CDP質問書での報告・SBTでの報告に活用することはできますが、あくまでも“蒸気等の熱”が利用されている場合に限るため、活用するケースはあまりないでしょう（Scope2は、電力の使用の他に、外部で生成された蒸気や熱の使用によるCO_2排出量の算定も含む)。

③**「J-クレジット」**とは、省エネ設備の導入や再エネの利用によるCO_2等の排出削減量や、適切な森林管理によるCO_2等の吸収量を「クレジット」として国が認証する制度です。

経産省・環境省・農水省が共同で運営している制度であり、大きくは「再エネ由来」と森林経営や省エネ設備などの「非再エネ由来」が存在します。特に「再エネ由来の中でも再エネ電力由来」に関しては、電気と組み合わせることで再エネ電気として認定され、GHGプロトコル上のScope2排出量の削減やCDP・SBT・RE100・RE Actionといったイニシアティブにも幅広く対応できることから価値が高く、年々調達コストが上がってきています。

直近2022年４月の入札販売における平均落札価格は約3,278円/t-CO_2

となり（約1.51円/kWh）、４年前と比較し、２倍以上の価格となっています。

また、「非再エネ由来」となる「省エネ由来」は同月の平均落札価格は1,607円/t-CO_2となり、40％の上昇となりますが、GHGプロトコル上のScope2排出量の削減、CDP・SBT・RE100・RE Actionといったイニシアティブに対応できないため注意が必要です。同じく、「非再エネ由来」の「森林由来」は、入札制度はありませんが、平均取得が10,000円～20,000円/t-CO_2と、森林の維持管理費が高いことからクレジット自体が非常に高価となり、省エネ由来同様にイニシアティブに対応していないものとなります。

よって、J-クレジットの選択肢としては、「再エネ電力由来」を狙い目に検討していけると良いでしょう。J-クレジットについては、環境価値自体の転売も可能なことから、様々な参入プレイヤーが現れ、流通の拡大が見込めること、先述のように値上がりしている状況から今後もその傾向が続くことが予想されます。

④**「非化石証書」**とは、非化石電源（再エネ＋原子力）で発電された電気はCO_2を排出しないためその部分を「非化石価値」として切り離し、証書にして売買を可能にしたのが「非化石証書」です。「FIT非化石証書」「非FIT再エネ指定非化石証書」「非FIT再エネ指定なし非化石証書」の３種類が存在し、それぞれ「FIT非化石証書」「非FIT再エネ指定非化石証書」は、政府によるトラッキング付の有無が存在します。

GHGプロトコル上のScope2排出量の削減やCDP・SBTと国際イニシアティブにも活用可能で、トラッキング（追跡）付に限りRE100・RE Actionにも対応可能です。1.3円～４円/kWhで調達が可能ですが、主に小売電気事業者から電力とセットで購入する仕組みとなります。

そのため前述の「（2）再エネ電力・CO_2フリー電力への切り替え」のように小売電気事業者が販売する再エネ電力プランに活用されることが多かったものでした。しかし、2021年11月から需要家でも直接購入可能な新たな制度が始まり（再エネ価値取引市場）、より安価に直接市場から購入することも可能になっており（最低入札価格は0.3円/kWh（税

表4-8　環境価値の種類ごとの使用用途や適応範囲

対応内容		GHGプロトコル Scope2排出量 (Scope2ガイダンス)	温対法	CDP	SBT	RE100・ REAction
グリーン電力証書		○	○ ※グリーンエネルギーCO_2削減相当量として認証を受けることで利用可	○	○	○
グリーン熱証書		○	○ ※グリーンエネルギーCO_2削減相当量として認証を受けることで利用可	○	○	— ※熱はRE100の対象外
J－クレジット	再エネ発電由来	○	○	○	○	○
	再エネ熱由来	○	○	○	○	— ※熱はRE100の対象外
	省エネ由来	×	○	×	×	—
	森林吸収由来	×	○	×	×	—
非化石証書	FIT 非化石証書	○	○	○	○	○ ※トラッキング付のみ
	非FIT 再エネ指定 非化石証書	○	○	○	○	○ ※トラッキング付のみ ※発電事業者と小売電気事業者による相対取引の場合も可

出所）経産省・環境省「国際的な気候変動イニシアティブへの対応に関するガイダンス」
J-クレジット制度 WEBサイト
環境省・経産省「温室効果ガス排出量算定・報告・公表制度における非化石証書の利用について」をベースに（株）船井総合研究所作成

抜))、J-クレジットやグリーン電力証書などの他の環境価値と比較して、安価であることから脱炭素経営の推進に有効な手段であることは間違いないでしょう。

表4-8のように、環境価値はそれぞれ使用用途や対応範囲が違うため注意が必要です。

また、昨今、世界各国で再生可能エネルギーの普及が進む中で、新しい発電設備による「追加性」を重視するようになってきています。国際イニシアチブ「RE100」は再エネの技術要件となる「Technical Criteria」を2023年に改訂予定であり、**「追加性」が技術要件に加わる**可能性があります。

追加性とは、「その再エネの購入が新たな再エネ電力の普及に繋がること」という意味です。例えば、FITのように再エネ賦課金を消費者から徴収するような再エネ電源は新たな再エネ電力の普及には繋がらないということで、追加性がないものと見なされます。

他にも**「運転開始から15年以内の発電設備に限定」**するという案があり、これでは古くから運転している水力発電やFITによる固定価格買取制度の期間が満了した（卒FITの）太陽光発電も徐々に対象外となっていくことが想定されます。環境価値は、このようなリスクも想定した上で、選択をおこないましょう。

「環境価値」の活用は脱炭素経営達成のための最後の手段とも言われており、企業としてすべてのCO_2排出量を完全ゼロにすることは不可能であるため、「環境価値」を活用して、オフセット（相殺）するしかないのです。「環境価値」を有効に活用していくことで自社の脱炭素経営達

表4-9　Scope2の削減施策・省エネ施策の例

対象	対象設備の例	削減施策の例
ユーティリティ設備	照明	LED化
	空調機	高効率空調への更新
		地中熱の利用
		気化熱の利用
	変圧器	超高効率トランスへの更新
	冷凍冷蔵庫	デフロスト運転の制御
		高効率冷凍冷蔵設備への更新
	エアコンプレッサ	高効率設備への更新
		給気温度の低減
		エアリーク調査＆修理
		圧力の低減
		台数制御
	廃水処理	高効率ブロワへの更新
	搬送機・コンベア	高効率モータへの更新
生産設備	工作機械	高効率モータへの更新
	プラスチック加工機械	高効率モータへの更新
	プレス機械	高効率モータへの更新
	印刷機械	高効率モータへの更新
	ダイカストマシン	高効率モータへの更新
	食品製造機械	高効率モータへの更新

出所）（株）船井総合研究所作成

成が近づいていきます。

（4）電力の省エネ

製造業以外の業種の場合は、電力を使用する設備構造は非常にシンプルで、大半が空調機や照明となり、物流業などの場合はそこに冷凍冷蔵庫が含まれる程度です。製造業の場合は、ユーティリティ設備から生産設備まであらゆる設備に電力を使用しています。業種ごとに電力の使用割合も異なりますので、ここでは詳細は割愛します。

企業の省エネ意識は以前から比較的高いために、すでに“やり切った”と、お考えの企業様も多いのではないでしょうか。弊社では、「省エネはやり切った」「新しい情報がほしい」「他社が実践している省エネ事例をたくさん知りたい」というご相談をよくいただきます。弊社が運営している「GX・脱炭素経営ドットコム」(12月中にオープン予定) では、たくさんの省エネ対策事例を掲載しておりますので、ぜひ、ご覧ください。

(5) 製造ラインの改善・生産性向上・DX

製造業の場合、Scope2の削減および電力の削減として、「製造ラインの改善・生産性向上・DX」という視点も検討すべきでしょう。再エネ100%電力に切り替えてしまう場合は、検討する必要がないかもしれませんが、製造業のCO_2排出量の大半の要因は“生産設備の電力”にあります。よって、生産設備をいかに省エネ化していくか、電力のムダをなくしていくかが肝になります。

もっとわかりやすい例としては「設備の故障低減や停止時間の低減」です。設備の突発故障 (10分以内)・チョコ停 (10分～30分以内)・ドカ停 (30分以上) が発生した場合、生産性ダウンも当然ではありますが、電力もその間ロスしていることが多いのです。ラインのようにモノが流れている間に1か所でも故障により設備が停止してしまうと、その前後のラインの運転がムダになってしまいます。

このようなケースの場合、最近は“IoTを活用した故障予知保全”なども広まってきています (**図4-4**)。設備の振動を常時計測するIoTにより、設備の状態を管理して、故障が起きる前の振動の異常を予知して、あらかじめ故障対策のための修理メンテナンスを計画的におこなうのです。これにより、設備の故障を低減し、設備の稼働率を向上させ、ムダな電力を消費せずに済ませることができます。

ほかにもロボット化や自働化の検討で、ムダな電力の削減を検討でき

図4-4　IoTの活用イメージ

振動を常時センシングすることによる予知保全
※ベアリングに傷が入ったり、グリスが劣化すると振動が大きくなる

出所）（株）船井総合研究所作成

ることがあるでしょう。これらはよく「生産性向上」や「DX」の視点で考えることが多く、一見、CO_2排出量の削減とは関係がないように思えますが、先述の通り、深く関係しますので検討すると良いでしょう。

Scope3における削減ポテンシャル把握

実は、Scope3における削減施策というものは現段階（2022年９月）では、あまり確立されていません。というのも、Scope3の算定・開示を特に進めてきたのは、ここ数年間での話であるためです。2021年６月のコーポレートガバナンス・コードの改訂により、プライム上場企業に対して「TCFDに基づく情報開示あるいは同等の情報開示」が、2022年度中に求められています。プライム上場企業であっても2022年からScope3算定を始めた企業が多いというのが実態であり、プライム上場企業中心に社会全体が削減に向かっていき、サプライヤーに対して要請していくのは、2023年以降と想定されます（すでにプライム上場企業の中にはサプライヤーに要請を始めている企業も多数存在するが、社会全体を踏まえた場合）。

また、第４章の冒頭でもご紹介している通り、業界や業種ごとにScope3カテゴリ15における排出量割合は全く異なり、自ずと削減のための対策のアプローチが異なるために、削減手法を標準化・共通化しづらい状況があります。さらには、Scope3は「サプライチェーンの上流・下流における排出量」と言われているように自社単体での削減施策というのは限られており、様々なサプライチェーン企業やステークホルダーの理解、そして協業、実行が必要であり、より中長期的な視点に立った上で削減施策の検討が必要という点を十分にご理解いただければと思います。

削減施策の検討においては、さらに３つに分類し、アプローチを検討すると良いでしょう。「①上流サプライヤー・調達先との連携」、「②自社業務フローの見直し・変更」、「③下流サプライヤー・消費者との連携」の３つになります。

①上流サプライヤー・調達先との協働

第3章でもお伝えしておりますが、Scope3カテゴリ１で度々問題となるのが、「活動量×排出原単位」という排出量算定の方法です。排出原単位はあくまでも、統計値・一般値にすぎず、活動量が増える限り、排出量が増えてしまいます。例えば、自動車部品における排出原単位は「自動車部品：4.52t/百万円」「自動車用内燃機関・同部分品：4.69t/百万円」とされており、百万円あたりの排出量原単位となりますが、この排出量算定の方法では、仕入れ量や仕入れコストにより大きく排出量自体が変わってしまうのです。生産量や販売量の増加に伴い仕入れ量が増える場合に排出量も自ずと増加、あるいは円安やインフレといった影響にある仕入れコストの増加に合わせて排出量も増加してしまうといった現象です。仮に仕入先サプライヤー企業が排出量削減のための取り組みや努力をおこなっていたとしても、全く反映されないのです。

よって、極力、仕入先サプライヤー企業に対して、一次データの取得（実態値）のために“協働”を要請していく必要があります。

図4-5は、最終製品メーカーX社が本来算定すべきScope3の範囲を掲載していますが、現在においてはティア１（一次請け）のサプライヤーからの仕入れ量（t,m^2,円）に標準値・排出単位をかけて排出量算定をおこなっています。その課題としては、サプライヤーの努力が反映されない、生産量が増えると同時に仕入れ量が増え、排出量が増えてしまう、仕入れ原価が高騰すると同時に排出量も増えてしまうといった現象が起

図4-5　Scope3の範囲

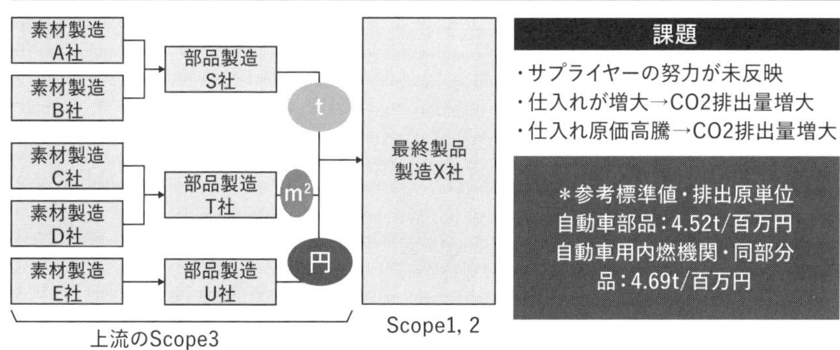

出所）（株）船井総合研究所作成

きることです。

よって、一次データに基づく排出量算定を依頼していくこと、必要応じて一次データでの算定方法やノウハウを提供していくことが必要でしょう。その次に排出量削減として、自社の削減ノウハウや削減事例を提供していく、排出量削減のための勉強会を開催する、金融機関を交えて資金調達支援をおこなっていくという考え方があります。

また、自社としての調達方針を決め、その調達方針に基づき推進していくことも有効です。これは、多数ある調達先（新規の調達先や既存の調達先含めて）を選別する上でも役立ちます。通常、調達方針には、与信、法令・社会規範の遵守、コンプライアンス、労働安全、価格、納期、品質などがあげられますが、そこに環境への配慮製品、脱炭素経営への取り組みといった視点を追加していくことです。これにより、CO_2排出量がより少ない企業からの調達が可能になっていきます。

ほかにも、「カテゴリ４ 輸送、配送（上流）」「カテゴリ９ 輸送、配送（下流）」の削減施策としては、輸送方法の見直しという削減施策があります。具体的には、輸送方法の見直しはモーダルシフトとして、航空トラック輸送から船舶輸送への切替やトラック輸送から鉄道輸送等への切替えがあります。他にもEV車両の推進、共同配送の実施などがあります。

②自社業務フローの見直し・変更

自社業務フローの見直し・変更としては、主に自社内での業務フローの整理および見直しや改革となります。「カテゴリ５ 事業から出る廃棄物」について、よくあるケースとして廃棄物処理業者がリサイクルしているかどうかを把握できていないことがあります。リサイクルされている場合とリサイクルされていない場合では、大きく「排出原単位」が異なります。よって、総務の担当者を交えながら実態を把握していくことが必要です。

「カテゴリ６ 出張」「カテゴリ７ 通勤」について、第３章でもお伝えしたように、排出量の算定方法としては主には交通手段別（鉄道、航空機、船舶、バスなど）の出張費および通勤費、出張日数、常時使用される従業員数といった算定方法があり、より削減活動に取り組みやすいのは交通手段別の出張費および通勤費となります。出張日数に基づく算定方法の場合、出張場所を問わないことや出張が増えれば自ずと排出量が増えてしまう、常時使用される従業員数に基づき算定する場合は従業員数が増える限り排出量が増えていってしまうということが起きかねないためです。

よって、経理担当者を交えながら、交通手段別の出張費および通勤費に基づく算定方法に変えていく必要があります。また、リモートワークの推奨による出張費および通勤の削減、交通手段として飛行機よりも鉄道の利用を積極的に促すといった削減手法があります。

③下流サプライヤー・消費者との連携

サプライチェーン上における下流に位置する取引先・一般消費者との協働となります。いわゆる"顧客"や"お客様"に位置づけられるものです。中間製品を製造している製造業のようなBtoBの場合は、「カテゴリ11販売した製品の使用」の発生がない場合や、反対にBtoCの場合は、「カテゴリ10 販売した製品の加工」の発生がない場合もあります。

「カテゴリ10 販売した製品の加工」「カテゴリ11 販売した製品の使用」については、自社が提供するサービスや製品自体を取引先が加工または一般消費者が使用することも踏まえて、CO_2排出量が少ない省エネ型の製品やサービスを独自開発していくことが必要となります。
「カテゴリ14 フランチャイズ」については、フランチャイズ加盟者におけるScope1,2の排出量となるため前述したScope1,2の削減施策の通りとなりますが、加盟者向けの勉強会の開催、削減ノウハウの提供が必要となるでしょう。

ここまでScope3について述べてきましたが、第３章でお伝えしたように、中小企業はまずはScope1,2の削減から検討していくべきですので、Scope3の削減施策は後回しにしていただいて問題ありません。

表4-10　Scope3の分類別削減施策の例

削減施策の分類	対象のScope3カテゴリ	削減施策の例	
①上流サプライヤー・調達先との協働	カテゴリ1 購入した製品・サービス カテゴリ2 資本財 カテゴリ3 エネルギー関連活動 カテゴリ4 輸送、配送（上流） カテゴリ5 事業から出る廃棄物 カテゴリ6 出張 カテゴリ7 雇用者の通勤 カテゴリ8 リース資産（上流） カテゴリ9 輸送、配送（下流）	排出量算定	・排出量算定の方法やノウハウを提供する ・一次データに基づく排出量算定を依頼する
		排出量削減	・自社の削減ノウハウや削減事例を提供する ・排出量削減のための勉強会を開催する ・金融機関を交えて資金調達支援をおこなう ・仕入れ・調達方針を定める（排出量削減を要件に追加する） ・より排出量の少ない商品を提供する企業から調達する ・ライフサイクル全体での低炭素製品を自社開発する ・輸送方法・輸送物の見直し（モーダルシフト等）
②業務フローの改革	カテゴリ5 事業から出る廃棄物 カテゴリ6 出張 カテゴリ7 雇用者の通勤 カテゴリ8 リース資産（上流）	排出量算定	・算定方法の見直し（削減活動が反映しやすい算定方法）
		排出量削減	・リモートワークの推奨 ・廃棄物を活用した製品・サービスを開発する ・排出原単位が低い交通手段の利用（飛行機よりも鉄道など）
③取引先・一般消費者との協働	カテゴリ9 輸送、配送（下流） カテゴリ10 販売した製品の加工 カテゴリ11 販売した製品の使用 カテゴリ12 販売した製品の廃棄 カテゴリ13 リース（下流）	排出量算定	・算定方法の見直し（削減活動が反映しやすい算定方法）
		排出量削減	・輸送方法・輸送物の見直し ・CO_2排出量が少ない製品やサービスを独自開発 ・自社の削減ノウハウや削減事例を提供する ・排出量削減のための勉強会を開催する

出所）（株）船井総合研究所作成

5 ポテンシャルの整理および優先順位について

ここまでご紹介した内容をベースに、まずは自社にて削減施策の候補となる内容をリストアップしてください。リストアップ後は、具体的なポテンシャルの整理および優先順位づけが必要です。その際の基準として、①削減施策ごとに排出量削減の具体的な数値を整理、②経済メリットの算出および投資回収の算出、③実施にあたっての展開スピードおよび自社ノウハウ保有状況、④対外的な環境PR効果の視点で整理し、その上で優先順位を判断していけると良いでしょう。

①削減施策ごとの排出量削減の具体的な数値を整理

現在の排出量と施策実行後の排出量を算定し、その差がポテンシャルとなります。例えば、電力を再エネ100％電力に切り替えた場合、現在の小売電気事業者から購入している電力のCO_2排出量と再エネ100％電力に切り替えた後（CO_2排出量は０）のCO_2排出量の差がポテンシャルとなります。

ここでの注意点は、削減施策ごとに極力具体的なポテンシャル数値を算出することです。Scope3は自社ではなく他社マターなためポテンシャルを数値で算出することが難しいケースもありますが、Scope1,2は多少の誤差、仮説があっても問題ありませんので、できる限り数値を算出することを心がけましょう。

②経済メリットの算出および投資回収の算出

中小企業の経営上、大手企業と異なり、より経営に直結する考え方はやはり大事な視点となります。エネルギー量の削減により削減料金が算定できるものとできないものがありますが、できないものであってもCO_2排出量の削減量から社内炭素価格を掛けて、削減効果を金額換算していきます。炭素価格は、インターナルカーボンプライシングとも呼ばれますが、まずは再エネ由来J-クレジットをベースに3,500円/t-CO_2に設定して、算定するのも良いでしょう。

③実施にあたっての展開スピードおよび自社ノウハウ保有状況

削減施策の内容の中には、短期的には実行できず、中長期的に検討しないといけないものもあるでしょう。また、削減施策の実行にあたって、社内ノウハウや知見が足りず、すぐに実行できない場合もあるでしょう。そのように削減施策自体は良いとわかっていても、実行段階でのハードルが高そうな施策を整理していきましょう。

④対外的な環境PR効果

脱炭素経営の取り組みは、外部に公表してステークホルダーとコミュニケーションを取ることが大切です。その視点で考えると、施策内容ごとの外部からの評価も考えたいところです。例えば、自家消費型太陽光のような対外的な評価を受けやすい、わかりやすい削減施策もあります。

これらの整理および優先準備づけの内容を検討する際は、環境部門・設備部門・製造部門に限定せずに、経営者をはじめとして、経営企画部門、商品設計部門、調達部門や販売部門などを含め、全社横断的に議論を進めることが重要となります。それは、アイデア出しの観点から有効であるだけでなく、各部門が主体的に参加し納得感のある将来像を描くことにより、計画の実効性が高まることにも繋がっていくことでしょう。

以上が「第４章 ポテンシャル把握」の内容となります。なるべく中小企業の方々にとってイメージがしやすい実用的な内容を心がけ、Scope3よりもScope1,2の比重を大きくし、説明が細かい箇所もありますが、本章を参考に自社の削減施策の整理、優先順位づけ、削減ポテンシャルの把握を進めていってもらえればと思います（**表4-11**）。

表4-11　Scope1～3の削減ポテンシャル整理の例

分類		具体的な削減施策	①排出量削減の具体的な数値	②経済メリットの算出および投資回収の算出				③実施にあたっての展開スピードおよび自社ノウハウ保有状況		④対外的な環境PR効果
				経済メリット	投資金額	単純投資回収	ICP反映・投資回収	展開スピード	ノウハウの有無	
			● $t\text{-}CO_2$/年	●円／年	●円／年	●年	●年	◎,○,△,×	◎,○,△,×	◎,○,△,×
Scope1	燃料等	・重油から都市ガスへの燃料転換	・・・	・・・	・・・	・・・	・・・	・・・	・・・	・・・
		・蒸気配管への断熱による保温	・・・	・・・	・・・	・・・	・・・	・・・	・・・	・・・
		・EV10台導入	・・・	・・・	・・・	・・・	・・・	・・・	・・・	・・・
		・・・	・・・	・・・	・・・	・・・	・・・	・・・	・・・	・・・
Scope2	電力	・オンサイト自家消費型300kWの導入	・・・	・・・	・・・	・・・	・・・	・・・	・・・	・・・
		・再エネ電力100%への切り替え	・・・	・・・	・・・	・・・	・・・	・・・	・・・	・・・
		・蛍光灯300灯のLED化	・・・	・・・	・・・	・・・	・・・	・・・	・・・	・・・
		・事務所空調3台の高効率空調への更新	・・・	・・・	・・・	・・・	・・・	・・・	・・・	・・・
		・A工場2台のコンプレッサ22kW INVへの更新	・・・	・・・	・・・	・・・	・・・	・・・	・・・	・・・
		・水処理ブロワ3台の高効率化	・・・	・・・	・・・	・・・	・・・	・・・	・・・	・・・
		・・・	・・・	・・・	・・・	・・・	・・・	・・・	・・・	・・・
カテゴリ1	購入した製品・サービス	・サプライヤー向け脱炭素勉強会の実施	・・・	・・・	・・・	・・・	・・・	・・・	・・・	・・・
		・一次データに基づく排出量算定の要請	・・・	・・・	・・・	・・・	・・・	・・・	・・・	・・・
		・・・	・・・	・・・	・・・	・・・	・・・	・・・	・・・	・・・
カテゴリ4	輸送、配送（上流）	・燃費での算定方法への切り替えのための輸送距離特定	・・・	・・・	・・・	・・・	・・・	・・・	・・・	・・・
		・・・	・・・	・・・	・・・	・・・	・・・	・・・	・・・	・・・
カテゴリ5	事業から出る廃棄物	・プラスチックのリサイクル推進	・・・	・・・	・・・	・・・	・・・	・・・	・・・	・・・
		・・・	・・・	・・・	・・・	・・・	・・・	・・・	・・・	・・・
カテゴリ6	出張	・全社的に交通手段別の算定方法に切り替え	・・・	・・・	・・・	・・・	・・・	・・・	・・・	・・・
		・東京⇔大阪間は航空機から鉄道へ移動手段を切り替え	・・・	・・・	・・・	・・・	・・・	・・・	・・・	・・・
		・・・	・・・	・・・	・・・	・・・	・・・	・・・	・・・	・・・
カテゴリ7	雇用者の通勤	・○○部のリモートワーク化	・・・	・・・	・・・	・・・	・・・	・・・	・・・	・・・
		・・・	・・・	・・・	・・・	・・・	・・・	・・・	・・・	・・・
カテゴリ9	輸送、配送（下流）	・燃費での算定方法への切り替えのための輸送距離特定	・・・	・・・	・・・	・・・	・・・	・・・	・・・	・・・
		・・・	・・・	・・・	・・・	・・・	・・・	・・・	・・・	・・・
カテゴリ11	販売した製品の使用	・省エネ型製品の開発	・・・	・・・	・・・	・・・	・・・	・・・	・・・	・・・
		・・・	・・・	・・・	・・・	・・・	・・・	・・・	・・・	・・・

出所）（株）船井総合研究所作成

第5章

脱炭素ロードマップの策定

1　1.5℃と2℃シナリオに基づく削減目標

（1）近年の世界的な脱炭素の変遷

気候変動をめぐる国際的な枠組みのなかで、多くの皆様の記憶にあるのは「京都議定書」「洞爺湖サミット」「パリ協定」などでしょうか。

国際政治の中で脱炭素に対する方針も右往左往し、一体どうなるのか、どうするのが正解なのか不審に思われた方も多いかと思います。その脱炭素に係る変遷を辿ったものが（**表5-1**）となります。

遡ると過去から議論はあったものの、本書では脱炭素のスタートを**IPCC（Intergovernmental Panel on Climate Change：気候変動に関する政府間パネル）**が1990年に発表した「第１次評価報告書（FAR）」とさせていただきます。

その後、多くの人に馴染み深い1997年、COP3での京都議定書へと続き、京都議定書のルール作りと合意承認での会議を続けながら、2005年のグレンイーグルズサミットにてIEA（国際エネルギー機関）の役割が明文化されていきます。

IPCCの報告書は2007年に第４次報告書（AR4）となり、「メタン・CO_2の大気中濃度は、いまや過去65万年間の自然変動の範囲をはるかに超えている。平衡気候感度が1.5℃以下である可能性はかなり低い」との確固たる結論と各種シナリオが示されます。

2008年洞爺湖サミットにて、2050年までに世界全体の温室効果ガス排出量の少なくとも50%削減を達成するビジョンを、**国連気候変動枠組条約（UNFCCC）**のすべての締約国と共有し、採択することを求めることで合意。また、先進国の排出量削減を達成するため、中期の国別総量目標を実施することで合意。会期中に開催された主要経済国首脳会合（MEM）では、先進国・途上国の双方からなる全参加国間で、世界全体の長期目標を共有することが望ましいことを確認しました。

2010年には、メキシコのカンクンで開催された気候変動枠組条約第16回締約国会議（COP16）にて、許容しがたい気候変動の悪影響の回避という観点から、「産業革命後の気温上昇を２℃以内に抑える」という**２℃目標**が合意されました（カンクン合意）。

その後、2011年のCOP17のダーバン合意にて、すべての国が参加する温暖化対策のための2020年以降の枠組み交渉に関する、法的文書を作成するための新しいプロセスである「ダーバン・プラットフォーム特別作業部会」が設置と京都議定書第二約束期間の設置、カンクン合意の実施のための一連の決定の採択がされました。

2014年にはIPCCの第５次評価報告書（AR5）が発表され、人間活動起源のGHGの排出による気温上昇を産業革命前に比べて２℃未満に抑えられる可能性が高い緩和シナリオでは、2100年に大気中の濃度が約450ppmCO_2換算またはそれ以下に抑えねば難しいことが記されます。

ここで注目すべきは**カーボンバジェット**の考え方です。バジェット（予算）という語の通り「炭素予算」であり、人間活動起源の気温上昇を一定のレベルに抑える場合に想定される温室効果ガスの累積排出量（過去の排出量＋これからの排出量）の上限が決まるということを意味しています。

表5-1　脱炭素を巡る国際的な枠組みの変遷

年	TOPIC・概要
1990	IPCC（Intergovernmental Panel on Climate Change）気候変動に関する政府間パネル・国連組織（1988～） 第1次評価報告書(FAR)
1992	ブラジル・リオ/ブラジル　リオ　サミット（地球サミット） 国連気候変動枠組条約（UNFCCC）＊1994年発効
	197か国・地域が締結・参加
1995	IPCC 第2次評価報告書(SAR)
1995	ドイツ・ベルリン 気候変動枠組条約締約国会議 COP(Conference of the Parties)
1996	スイス　ジュネーブ/COP2
1997	日本・京都/COP3 京都議定書
	温室効果ガスを2008年から2012年の間（第1約束期間）に、1990年比で約5%削減する。国ごとにも温室効果ガス排出量の削減目標を定め、EUは8%、アメリカ7%（2001年に脱退）、日本6%の削減を約束。途上国には削減義務を求めていない。
2001	IPCC 第3次評価報告書(TAR)
2001	モロッコ・マラケシュ /COP7 マラケシュ合意
	京都議定書実施のルール確定
2005	京都議定書が発効
2005	イギリス・スコットランド グレンイーグルズサミット
	首脳文書「気候変動、クリーンエネルギー、持続可能な開発」において、IEA（国際エネルギー機関）は、「代替エネルギー・シナリオ、及びクリーンで賢明かつ競争力のあるエネルギーの将来に向けての戦略について助言を行う」ことが明記。グレンイーグルズ行動計画にて、「エネルギー効率向上、クリーンな化石燃料、再生可能エネルギー、研究開発促進のためのネットワークの促進、等の分野における協力、作業」がIEAに対して要請される。
2007	IPCC第4次評価報告書（IPCC Fourth Assessment Report）
	【確固とした結論】メタン・CO_2の大気中濃度は、いまや過去65万年間の自然変動の範囲をはるかに超えている。平衡気候感度が1.5°C以下である可能性はかなり低い 【予測シナリオ】A1「高成長型社会シナリオ」世界中がさらに経済成長し、教育技術等に大きな革新が生じる（A1は更に細分化されて、化石エネルギー重視、非化石エネルギー重視、各エネルギー源バランス重視とあり)、A2「多元化社会シナリオ」世界経済や政治がブロック化され、貿易や人・技術の移動が制限。 ・経済成長は低く、環境への関心も相対的に低い。B1「持続型社会発展シナリオ」環境の保全と、経済の発展を地球規模で両立する、B2「地域共存型社会シナリオ」地域的な問題解決や世界の公平性を重視し、経済成長はやや低い。 ・環境問題等は、各地域で解決が図られる。
2008	洞爺湖サミット
	エネルギー安全保障分野において、2050年までに世界全体の排出量の少なくとも50%削減を達成するビジョンを、国連気候変動枠組条約（UNFCCC）のすべての締約国と共有し、採択することを求めることで合意。また、先進国の排出量削減を達成するため、中期の国別総量目標を実施することで合意。主要経済国首脳会合（MEM）では、先進国・途上国の双方からなる全参加国間で、世界全体の長期目標を採択することが望ましいと信じる旨の合意。 IEAより、2005年の要請を受け、2006年サンクトペテルブルク・サミット、2007年ハイリゲンダム・サミットに続き、最終報告書を提出。何の対策も講じられない場合、2050年までにCO_2排出量は現在の270億トンから620億トンと2倍以上になり、2050年までにCO_2排出量を50%削減するためには、技術革新への約1.1兆ドル／年の追加投資が必要となるが、化石燃料代替による節約も有効。エネルギー効率向上のための25の勧告を提案にて、2030年までに82億トン／年削減可能。
2009	デンマーク・コペンハーゲン/COP15
	「2013年以降」の、国際社会による温暖化防止のための取り組みを決定予定であったが、合意できず。
2010	メキシコ・カンクン/COP16 カンクン合意/気候変動枠組条約
	世界全体の気温の上昇が2°Cより下にとどまるべきであるとの科学的見解を認識し、産業革命後の気温上昇を2°C以内に抑える「2°C目標」が設定。
2010	UNEP（国連環境計画） 排出ギャップ報告書（UNEP Emissions GAP Report）
	2010年以降毎年発表。国によって前提条件や目標の数値・期間が異なるなかで、気候変動抑制のために必要となる温室効果ガス排出削減量と現状の排出量とのギャップを分析。先進国の削減目標や途上国の削減行動をすべて足し合わせた場合の世界全体での排出削減量状況、世界全体の気温の上昇が2°Cより下にとどまることへの実現可能性について。

年	TOPIC・概要
2011	南アフリカ・ダーバン/COP17 ダーバン合意
	すべての国が参加する温暖化対策のための2020年以降の枠組み交渉に関する、法的文書を作成するための新しいプロセスである「ダーバン・プラットフォーム特別作業部会」が設置。京都議定書第二約束期間の設置。カンクン合意の実施のための一連の決定の採択。
2014	IPCC 第5次評価報告書(AR5)
	・1200以上のシナリオを集計し、将来の気候変動政策の効果を評価。1951 ～ 2010年の観測された世界平均地上気温は、GHG濃度の人為的増加と人為源強制力の影響によるものである可能性が「極めて高い」(95%以上)。 ・氷床の急激な力学的変化として、1971年から2010年で海の上層・深層ともに水温が上昇しており、南極海は1991年までの過去20年間で約5000ギガトンの氷河が損失。それに伴い、1 ～ 2cmの海面上昇も見られている。 ・20世紀後半以降の寒い日と寒い夜の減少、暑い日と暑い夜の増加に人間活動の寄与がある「可能性が高い」(65%以上)。21世紀中に大雨が更に増加することは中緯度陸上の大部分と熱帯湿潤地域で「可能性が非常に高い」。 ・1880 ～ 2012年の世界平均気温の変化傾向が0.85°C上昇。1970 ～ 2000年で平均4億トンCO_2/年増加（1.3%）していたが、2000 ～ 2010年は毎年10億トン増。1750 ～ 2010の人為起源の累積CO_2排出量の半分は1970 ～ 2010年で、2010年には490（±45）億トンCO_2/年となった。1970 ～ 2010年の総排出増加量の78%が化石燃料燃焼等で2010年320（±27）億トンとなり、2011年に3%、2012年で1 ～ 2%増加。CO_2は依然として主要な人為起源のGHGであり、その量は2010年の全ての人為起源のGHG排出量の76%となった。世界的には、経済成長と人口増加が、化石燃料燃焼によるCO_2排出の増加の最も重要な駆動要因となっている状態が続いている。2000年から2010年の間では、人口増加の寄与は同等ながら、経済成長の寄与は大きく伸びている。追加的な緩和措置を含まないベースラインシナリオでは、2100年における世界平均地上気温が、産業革命前の水準と比べ3.7 ～ 4.8°C上昇する。同シナリオではCO_2の濃度水準が2030年までに450ppmを上回り、2100年までには750ppmから1300ppmを超すレベルに達する（2011年のCO_2換算濃度は430ppm)。 ・人為起源のGHGの排出による気温上昇を産業革命前に比べて2°C未満に抑えられる可能性が高い緩和シナリオは、2100年に大気中の濃度が約450ppmCO_2換算となるものである（可能性が高い)。2100年に大気中のGHG濃度が約450ppmCO_2換算に達するシナリオの典型は、2100年に500ppmから550ppmCO_2換算に達する多くのシナリオと同様に、一時的に「オーバーシュート」する。今世紀後半に大気中のCO_2を除去する技術に依存するが、課題・リスクが存在している。 ・現時点を超える緩和努力の増大を2030年まで遅延させると、より長期の低い排出水準への移行が相当困難になり、産業革命前から気温上昇を 2°C未満に抑え続けるための選択肢の幅が狭まる「可能性が高い」。 ・カンクン合意に基づく2020年の排出量は濃度の低いシナリオ（約450・500ppm）を費用効果的に達成する経路から外れているが、2°C抑制の可能性を排除するものではない。
2015	フランス・パリ/COP21 パリ協定
	【2020年以降の温室効果ガス排出削減等のための新たな国際的枠組み】 ・世界共通の長期目標として2°C目標の設定。1.5°Cに抑える努力を追求すること。今世紀後半には排出量と吸収量を均衡させる（排出実質ゼロ)。 ・主要排出国を含む全ての国が削減目標（NDC）を5年ごとに提出・更新(目標引き上げ)すること。 ・全ての国が共通かつ柔軟な方法で実施状況を報告し、レビューを受けること。 ・適応の長期目標の設定（長期の低排出開発戦略)、各国の適応計画プロセスや行動の実施、適応報告書の提出と定期的更新。 ・イノベーションの重要性の位置付け。 ・5年ごとに世界全体としての実施状況を検討する仕組み「全体進捗検討」（グローバル・ストックテイク)。最初は2023年 ・先進国による資金の提供。これに加えて、途上国も自主的に資金を提供すること。 ・二国間クレジット制度（JCM）も含めた市場メカニズムの活用。
2016	モロッコ・マラケシュ /COP22 マラケシュ行動宣言
	パリ協定発効後のパリ協定第1回締約国会合（CMA1）も開催。パリ協定実施指針等を2018 年までに策定することが合意
2017	IEA WEO2017
	450PPMシナリオが持続可能な開発シナリオSDS(Sustainable Development Scenario)となり、SDGsの17のゴールにおいて13．気候変動への対応、3．健康な生活、7．万人のエネルギーアクセス（SDG7）の3つの目標の達成に配慮したシナリオと記載。 SDSは「1.5°Cないし 2°C目標」および「今世紀後半に温室効果ガスの人為的な排出と吸収による均衡を達成するために、世界全体の温室効果ガス排出量をできるだけ早くピークアウトする。そのために、全てのセクターでの徹底した省エネと電化の推進、電力比重が上がるなかで低炭素化の進行、石炭火力発電の既設廃止とCCUSの技術が求められる。

表5-1　脱炭素を巡る国際的な枠組みの変遷（つづき）

年	TOPIC・概要
2017	ドイツ・ボン/COP23
	・パリ協定の実施指針として、緩和（2020年以降の削減計画）、透明性枠組み（各国排出量などの報告・評価の仕組み）、市場メカニズム（二国間クレジットメカニズム（JCM）等の取り扱い）などの指針の要素に関し、各国の意見をとりまとめた文書が作成 ・タラノア対話（COP23の議長国であるフィジーの言葉で、包摂性・参加型・透明な対話プロセス。世界全体の排出削減の状況を把握し意欲(ambition)を向上させるための対話）の基本設計が提示。
2018	ポーランド・カトヴィツェ /COP24
	・2020年以降のパリ協定の本格運用に向けて、パリ協定の実施指針を採択。 ・パリ協定実施指針交渉において、気候資金の事前情報(パリ協定9条5)、事後情報の報告方法（パリ協定9条7）について、各国の裁量を確保した形で透明性のある報告システムの確立について合意。 ・パリ協定の長期目標達成に向け、世界全体の温室効果ガス排出削減の取組状況を確認し、野心の向上を目指す「タラノア対話」の政治フェーズが実施。
2018	IPCC第48回総会(韓国・仁川) IPCC1.5°C特別報告書（SR1.5）
	「1.5°Cの地球温暖化：気候変動の脅威への世界的な対応の強化、持続可能な開発及び貧困撲滅への努力の文脈における、工業化以前の水準から1.5°Cの地球温暖化による影響及び関連する地球全体での温室効果ガス(GHG)排出経路に関するIPCC特別報告書」 ・工業化以前の水準よりも約1.0°Cの地球温暖化をもたらしたと推定される。地球温暖化は、現在の進行速度で増加し続けると、2030年から2052年の間に1.5°Cに達する可能性が高い（確信度が高い）。 ・気候モデルは、現在と1.5°Cの地球温暖化の間、及び1.5°Cと2°Cの地球温暖化の間には地域的な気候特性に明確な違いがあると予測する。 ・将来の平均気温上昇が1.5°Cを大きく超えないような排出経路は、世界全体の人為起源のCO_2の正味排出量が2030年までに、2010年水準から約45%減少し、2050年前後に正味ゼロに達する。 ・エネルギー、土地、都市及びインフラ（運輸と建物含む）、並びに産業システムにおける、急速かつ広範囲に及ぶ移行（transitions)が必要となるであろう（確信度が高い）。 ・パリ協定に基づき各国が提出した目標による2030年の排出量では、地球温暖化を1.5°Cに抑えることはないであろう（確信度が高い）。 ・将来の大規模な二酸化炭素除去(CDR)の依存の回避は、2030年よりも十分前に、世界全体のCO_2排出量が減少し始めることによってのみ実現されうる（確信度が高い）。
2019	スペイン・マドリード/COP25
	・「パリ協定6条」のルール（複数の国が協力して両国の合計の排出量を減らしていく制度、国家間の排出量取引制度などの市場メカニズム等）だけは合意できず先送り。 ・2030年目標の見直し（推奨）（＊COP21にて2020年までに見直すことが求められている） ・ロス&ダメージに関する、COP19にて設置されたワルシャワ国際メカニズム（WIM）のレビューと議論
2019	IEA WEO2019
	・現行政策シナリオ（Current Policies Scenario）世界各国が今の政策を何も変更せずに、現在の道をそのまま歩み続けた場合にどうなるかを示したシナリオ。エネルギー需要は2040年まで毎年1.3%ずつ増加。一次エネルギー需要、また、エネルギー関連のCO_2排出量は2018年の「2.3%」という伸びは大きく下回るものの、たえまない増加を続ける。2040年の化石燃料比率79%。2040年の排出量は41.3Gt。世界エネルギー投資額年間2兆710億ドル（2014～2018年の平均額）。 ・公表政策シナリオ（Stated Policies Scenario: STEPS)すでに実施中の政策に加えて、現時点で各国政府が公表している温暖化対策（NDCなど）が含まれる。エネルギー需要は2040年まで毎年1%ずつ上昇し、その需要の伸びの半分以上を太陽光発電を始めとするCO_2排出量の少ないエネルギー源が、3分の1をLNGを含む天然ガスが供給すると、一次エネルギー需要2040年まで年平均1%増加。総需要は、2030年に14%増、2040年に27%増。2040年までは増加が継続し2040年の排出量は35.6Gt。年間2兆6730億ドル（2040年までの平均額）。 ・持続可能な開発シナリオ（Sustainable Development Scenario：SDS）パリ協定（1.5°Cないし2°C目標）に基づく（66%の確率で、平均気温上昇を1.8°Cに抑える水準を採用）。一次エネルギー需要は減少に転じる。総需要は2030年に4%減、2040年に7%減。年平均5.6%の排出削減により、2040年15.8Gt、2050年10Gt、2070年実質ゼロ。年間3兆2420億ドル（2040年までの平均額）。
2021	国際再生可能エネルギー機関(IRENA) 世界エネルギー転換展望　1.5°Cへの道筋（World Energy Transitions Outlook: 1.5° C Pathway）
	気温上昇を 1.5°Cに抑え、不可逆的な地球温暖化を食い止めるための困難な道筋に対するエネルギー転換の解決策を提案。2050年、世界の電力需要は3倍に増加するなかで、脱炭素を目指す全ての解決策の90%は再生可能エネルギーを含み、低コスト電力の直接供給や効率性、エンドユースにおける再生可能電力による電化、グリーン水素を用いていき、化石燃料使用量は75%以上減少すると予想している。

年	TOPIC・概要
2021	IEA ネットゼロに向けたロードマップ（Net Zero by 2050: A Roadmap for the Global Energy Sector）
	人口は2050年に97億人、GDPは年率3%で成長を想定して、先進国はおよそ2045年、世界全体は2050年にネットゼロCO_2排出を達成することを前提に炭素価格を調整。2020年代をクリーンエネルギー大幅拡大の10年間にし、優位に経つ電化の推進。2050年に向けて、クリーンエネルギーのイノベーションの急速な加速、エネルギートランジションにおいて再生可能エネルギーの幅広い普及（電力は50%）、新たな化石燃料投資は不要としてクリーンエネルギー投資推進、国際協力が極めて重要としている。最も早く低減するのは石油と石炭となり、天然ガスのピークは2025年前後で2050 年にには最も多く残る化石燃料になる。2050年には再生可能電力の発電容量が 10倍以上に増大し、電気がエネルギーキャリアの主流となり、電化においては輸送セクターで3 倍増と最大の成長が見込まれている。 1.5° Cシナリオ（1.5-S）では、今世紀末までに地球の平均気温上昇を産業革命以前と比較して1.5°C以内に抑えるという1.5°C気候目標に沿ったエネルギー転換の道筋を描いている。ここでは1.5°C目標の達成に必要なペースで拡大していくことができ、利用しやすい技術的ソリューションを優先している。
2021	イギリス　グラスゴー /COP26 グラスゴー気候合意
	COP24からの継続議題となっていたパリ協定6条（市場メカニズム）実施指針等の重要議題で合意に至り、パリルールブック（市場メカニズムに関する実施指針、各国の排出量等の報告形式、各国の排出削減目標に向けた共通の時間枠）が完成。パリ協定の1.5°C目標の達成に向けて、今世紀半ばのカーボンニュートラル（温室効果ガス排出量実質ゼロ）と、その重要な経過点となる2030年に向けて、野心的な対策を各国に求める。
2021	UNEP 排出ギャップ報告書2021
	・世界の二酸化炭素排出量は2020年に5.4%という空前の落ち込みがあった後、コロナ禍以前のレベルに急速にリバウンドした。一方で、大気中のGHGの濃度は上昇し続けている。 ・2030年に向けた新たな削減量の誓約には一定の進展が見られるが、世界の排出量に対する全体的な効果は十分ではない。 ・G20 のメンバーについては、全体として前回および今回の2030年の誓約を達成する目処が立っていない。G20メンバーのうち10カ国（日本含む）は前回のNDCの達成に向けて順調に進んでいるが、7カ国の進捗は順調ではない。 ・世界の排出量の半分以上を占める52の締約国が、長期的なネット・ゼロ排出誓約を発表したことは期待できる進展である。しかしこれらの誓約には大きな曖昧さがある。 ・G20メンバーのNDC目標のうち、排出量をネット・ゼロ誓約に向けた明確な軌道に乗せているものはほとんどない。最終的にネット・ゼロ排出を達成し、残りのカーボンバジェットが維持できると確信できるような、短期的な目標と行動でこれらの誓約を裏付けることが急務である。 ・排出量のギャップは依然として大きい。これまでの無条件のNDCと比較すると、2030年の新しい誓約は2030年の予測排出量をわずか7.5%しか削減できないのに対し、2°C目標達成には30%、1.5°Cでは55%の削減が必要である。 ・これまでほとんどの国において、COVID-19に対する救済措置や復興のための財政支出を用いて、低炭素社会への転換を促進しながら経済を刺激する機会は逃されてきた。貧しい国や脆弱な国は取り残されている。 ・化石燃料、廃棄物、農業部門からのメタン排出量の削減は、排出ギャップの解消と温暖化の抑制に短期的に大きく貢献する。 ・炭素市場は真の排出削減をもたらし、野心引き上げに貢献し得る。しかしそれは、ルールが明確に定義され、実際の排出削減量を反映した取引がおこなわれるように設計され、進捗状況を追跡して透明性を確保する仕組みに支えられている場合に限られる。
2021	IEA WEO2021
	・2050年世界ネットゼロを達成するためのシナリオ（NZE: Zero Emissions by 2050 Scenario） 2100年温度上昇1.5°C。規範的(normative) ・ネットゼロ宣言した国の野心を反映したシナリオ（APS: Announced Pledges Scenario） 2100年の温度上昇2.1°C。探索的（explorative） ・各国が表明済みの具体的政策（NDC）を反映したシナリオ（STEPS: Stated Policies Scenario） 2100年の温度上昇2.6°C。探索的（explorative）。CO_2排出量は2040年でもピークアウトせずに、平均気温も2.7°C上昇することからパリ協定の目標は実現せず、リスクも大きい。
2022	IPCC 第６次評価報告書（AR6）
	・人為起源の気候変動は、極端現象の頻度と強度の増加を伴い、自然と人間に対して、広範囲にわたる悪影響と、それに関連した損失と損害を、自然の気候変動の範囲を超えて引き起こしている（確信度が高い）。 ・気候変動に対する生態系及び人間の脆弱性は、地域間及び地域内で大幅に異なる（確信度が非常に高い）。 ・地球温暖化は、短期のうちに1.5°Cに達しつつあり、複数の気候ハザードの不可避な増加を引き起こし、生態系及び人間に対して複数のリスクをもたらす（確信度が非常に高い）。 ・2040年より先、地球温暖化の水準に依存して、気候変動は自然と人間のシステムに対して数多くのリスクをもたらす（確信度が高い）。127の主要なリスクが特定されており、それらについて評価された中期的及び長期的な影響は、現在観測されている影響の数倍までの大きさになる（確信度が高い）。

表5-1　脱炭素を巡る国際的な枠組みの変遷（つづき）

年	TOPIC・概要
2022	・気候変動の影響とリスクはますます複雑化しており、管理が更に困難になっている。複数の気候ハザードが同時に発生し、複数の気候リスク及び非気候リスクが相互に作用するようになり、その結果、全体のリスクを結び付け、異なる部門や地域にわたってリスクが連鎖的に生じる。気候変動に対する対応のなかには、新たな影響とリスクをもたらすものもある（確信度が高い）。 ・地球温暖化が、次の数十年間またはそれ以降に、一時的に1.5℃を超える場合（オーバーシュート）、1.5℃以下に留まる場合と比べて、多くの人間と自然のシステムが深刻なリスクに追加的に直面する（確信度が高い）。オーバーシュートの規模及び期間に応じて、一部の影響は更なる温室効果ガスの排出を引き起こし（確信度が中程度）、一部の影響は地球温暖化が低減されたとしても不可逆的となる（確信度が高い）。 ・適応の計画及び実施の進捗は、全ての部門及び地域にわたって観察され、複数の便益を生み出している（確信度が非常に高い）。しかし、適応の進捗は不均衡に分布しているとともに、適応ギャップが観察されている（確信度が高い）。多くのイニシアティブは、即時的かつ短期的な気候リスクの低減を優先しており、その結果、変革的な適応の機会を減らしている（確信度が高い）。 ・人々及び自然に対するリスクを低減しうる、実現可能で効果的な適応の選択肢が存在する。適応の選択肢の実施の短期的な実現可能性は、部門及び地域にわたって差異がある（確信度が非常に高い）。 ・人間の適応にはソフトな（適応の）限界に達しているものもあるが、様々な制約、主として財政面、ガバナンス、制度面及び政策面の制約に対処することによって克服しうる（確信度が高い）。 ・第5次評価報告書（AR5）以降、多くの部門及び地域にわたり、適応の失敗の証拠が増えている。気候変動に対する適応の失敗につながる対応は、変更が困難かつ高コストで、既存の不平等を増幅させるような、脆弱性、曝露及びリスクの固定化（ロックイン）を生じさせうる。適応の失敗は、多くの部門及びシステムに対して便益を伴う適応策を、柔軟に、部門横断的に、包摂的に、長期的に計画及び実施することによって回避できる（確信度が高い）。 ・可能にする条件は、人間システム及び生態系における適応を実施し、加速し、継続するために重要である。これらには、政治的コミットメントとその遂行、制度的枠組み、明確な目標と優先事項を掲げた政策と手段、影響と解決策に関する強化された知識、十分な財政的資源の動員とそれへのアクセス、モニタリングと評価、包摂的なガバナンスのプロセスが含まれる（確信度が高い）。 ・観測された影響、予測されるリスク、脆弱性のレベル及び動向並びに適応の限界の証拠から、世界中で気候にレジリエントな開発のための行動をとることについて、第5次評価報告書（AR5）における以前の評価に比べて更に緊急性が高まっていることを示す。 ・気候にレジリエントな開発は、政府、市民社会及び民間部門が、リスクの低減、衡平性及び正義を優先する包摂的な開発を選択するとき、そして意思決定プロセス、ファイナンス及び対策が複数のガバナンスのレベルにわたって統合されるときに可能となる（確信度が非常に高い）。 ・変化する都市形態と曝露及び脆弱性の相互作用によって、気候変動に起因するリスク及び損失が、都市及び居住地に生じうる。しかし、世界的な都市化の傾向は、短期的には、気候にレジリエントな開発を進める上で重要な機会も与える（確信度が高い）。 ・生物多様性及び生態系の保護は、気候変動がそれらにもたらす脅威や、適応と緩和におけるそれらの役割に鑑み、気候にレジリエントな開発に必須である（確信度が非常に高い）。 ・気候変動が既に人間と自然のシステムを破壊していることは疑う余地がない。過去及び現在の開発動向（過去の排出、開発及び気候変動）は、世界的な気候にレジリエントな開発を進めてこなかった（確信度が非常に高い）。次の10年間における社会の選択及び実施される行動によって、中期的及び長期的な経路によって実現される気候にレジリエントな開発が、どの程度強まるかあるいは弱まるかが決まる（確信度が高い）。

出所）各種報告書をもとに（株）船井総合研究所作成

過去の推計排出量から、気温上昇を何度までに抑えたいかによって、今後どのくらい温室効果ガスを排出してもよいかを計算できる**バックキャストの考え方です**。すでに２℃目標となる840GtCの６割近くとなる530GtCを排出しており、残りは310GtCとなっている可能性を示唆しています。

2015年に**パリ協定**が採択され、「世界的な平均気温上昇を工業化以前に比べて２℃より十分低く保つとともに、1.5℃に抑える努力を追求すること（**1.5℃目標**）。今世紀後半に温室効果ガスの人為的な発生源による排出量と吸収源による除去量との間の均衡を達成すること」が世界共通の長期目標として196カ国で合意されました。

工業化以前とは産業革命期（およそ1850年から1900年まで）としており、2020年時点で世界の平均気温はその当時と比較して1.1℃上昇しています。

1.1℃と聞いて、「その程度？」と感じる人も多いかもしれません。しかし多くの方が感じていらっしゃるように、近年、国内外で気象災害が多くなっていることと、無関係とは言えないのではないでしょうか。

気候変動と気象災害の因果関係を厳密に立証することは変数も多いため難しいですが、気候変動は豪雨や猛暑のリスクを高めています。

そして気候変動リスクの影響は、経済だけでなく農林水産、水資源、自然生態系、自然災害、健康と幅広く、我々の生存基盤に及んでいくのです。

その後のCOPを経て、パリ協定に基づき世界各国はNDC（国の貢献）と長期戦略を提出し、**日本では2050年カーボンニュートラルを前提に、2030年46%削減（2013年比）さらに50%に向けて挑戦するとしています。**

IEAは、WEO2017とWEO2019において「現行政策シナリオ（Current Policies Scenario）」「公表政策シナリオ（STEPS）」「持続可能な開発シナリオ（Sustainable Development Scenario：SDS）」を発表していきます。

そして各国（120カ国）のNDCによって2030年の温室効果ガス排出削減目標を達成した場合でも、世界の温度上昇は今世紀末までに2.7℃に達する可能性があるという国連環境計画（UNEP）のレポート（UNEP Emissions Gap Report 2021）が2021年10月に発表されました。

また、IRENA（国際自然エネルギー機関）では計画済みの政策では対策が不十分だとして、エネルギー効率化や自然エネルギーの導入を世界全体でさらに進める必要性を訴えています。

新たに「1.5℃シナリオ」として、気温上昇1.5℃未満を達成するレポート（IRENA World Energy Transitions Outlook: 1.5° C Pathway）を、2021年６月に発表しました。

同レポートでは、気温上昇を1.5℃に抑え、不可逆的な地球温暖化を食い止めるための困難な道筋に対するエネルギー転換の解決策を提案しています。

2050年、世界の電力需要は現在の3倍に増加すると見られており、脱炭素達成時の90%は、電化、バイオエネルギーによる再生可能エネルギー、低コスト電力の直接供給や効率性、グリーン水素、炭素回収・貯留を用いていると予測しており、その際の化石燃料使用量は75%以上減少すると予想しています。

2021年のIEA WEO2021では**表5-1**の通り、主に３つのシナリオ分析が示されました。

世界の平均気温の上昇を産業革命以前と比較して1.5℃以下に抑えるという「2050年世界ネットゼロを達成するためのシナリオ（NZE: Zero Emissions by 2050 Scenario）」、各国が表明済みの具体的政策（NDC）を反映し、2100年までに平均気温が約2.6℃上昇することを想定の「公表政策シナリオ（STEPS: Stated Policies Scenario）」、ネットゼロ宣言した国の野心的誓約が期限内に達成されることを反映した、世界のCO_2排出量を2050年までに40%削減、2100年までの平均気温の上昇を約2.1℃に抑えるという「発表政策シナリオ（APS: Announced Pledges

Scenario)」が示されています。

2022年IPCC AR6では、AR5以降、更にリスクと確度が高まっていることが記されています。

（2）1.5℃と２℃の目標設定

1.5℃と２℃が何故目標とされているのか、世界の脱炭素の変遷をご覧頂ければ理解できることだと思います。

地球規模で直面している危機について、世界で取り組んでいる最重要テーマになっているのです。そのため、企業は社会的責任として脱炭素化を目指す必要があり、カーボンニュートラルを達成させることを宣言しなければなりません。

それでは、自社が脱炭素へ向けた取り組みを進めようとした際に、具体的な目標はどのようにすべきでしょうか。「宣言」と「目標」は違い、目的は脱炭素化であっても目標は全ての会社で異なっていきます。

経営に置き換えて考えればわかりやすく、経営ビジョンとして定める自社の目指すべき姿がありながら、売上10億の会社が10年後に20億を目指す計画のように、現状の自社の姿から目標も定まっていきます。

それゆえに本書第３章「温室効果ガス排出量の可視化」および第４章「ポテンシャル把握」によって、自社の二酸化炭素排出状況と削減可能性から設定する必要があります。

指標と目標については、世界の気候変動に対する取り組みとして、日本でも重視されている４つの国際イニシアティブを参考に検討することをおすすめします（**表5-2**）。

表5-2　国際イニシアティブ

	TCFD	CDP
	Task Force on Climate-related Financial Disclosures（気候関連財務情報開示タスクフォース）	Carbon Disclosure Project
概要	パリ協定の目標達成に向けて、企業投資家に気候変動要因に関する適切な投資判断を促すために、一貫性、比較可能性、信頼性、明確性をもつ、効率的な情報開示を促すことを目的としている	投資家、企業、国家、地域、都市が自らの環境影響を管理するためのグローバルな情報開示システムを運営。活動目的は「人々と地球にとって、健全で豊かな経済を保つ」こと。その目的達成に向けて、CDPは投資家や企業、自治体に働きかけ環境に与える影響に関する情報開示を促している
運営機関	G20財務大臣・中央銀行総裁会議の要請を受け、2015年12月に金融安定理事会（FSB）により、気候関連の情報開示及び気候変動への金融機関の対応を検討するために設立。現在、TCFDはマイケル・ブルームバーグ氏を議長とする32名のメンバー（うち、日本より2名）により構成	英国の慈善団体が管理する非政府組織（NGO）
発足・設立	2015年設立。2017年提言公表	2000年
対象企業	・特になし ・「ガバナンス」と「リスクマネジメント」については企業の規模を問わず全ての企業が財務報告書による開示を推奨 ＊コーポレートガバナンスコードの基本原則３（考え方）では、取締役会はESG要素などについて説明等を行う非財務情報について、開示・提供される際に可能な限り利用者にとって有益な記載となるよう積極的に関与する必要があると記されており、またプライム市場の上場企業には気候関連情報の質と量の充実を求めている。TCFD提言に沿った開示を要請している（開示しない場合は理由の説明）	機関投資家、サプライチェーンメンバー（顧客企業）による、回答要請 ＊2020年、投資運用総額106兆米ドル超、515を超える投資家 2021年には署名投資家数は590を超える ＊サプライチェーンメンバー　2020年150社以上（購買力4兆＄以上）、回答要請先は15,000社以上で9,600社超えの回答（世界の時価総額の5割以上） ＊800以上の都市、120を超える州・地域が環境インパクトを開示 ＊2022年よりプライム上場全1841社（2022年1月）へ調査対象を拡大 ＊コーポレートガバナンスコードにて、TCFDまたはそれと同等の枠組みに基づく開示の質と量の充実を進めるべきと示されている
目標年	・気候に関連した事業への影響のタイミングが様々であるため、短期・中期・長期の時間軸を指定していない。代わりに、タスクフォースは、資産の寿命、それらが直面している気候関連リスクの特徴、およびそれらが事業を行っているセクターおよび地理的所在に従って、情報作成者が時間軸を定義するよう推奨する ・IPCCの1.5℃報告書の通り、2050年前後に世界全体の人為起源のCO_2排出量を正味ゼロにする必要性を示しており、多くの国の長期的目標年次となっている。またパリ協定での目標年次に日本を含め2030年が挙がっており、中間地点の時間軸として捉えられている	TCFDに沿って可
基準年	排出目標全体で一貫した基準年を用いて、進捗を追跡するベースライン年度の明確な定義。ただし、バリューチェーンデータの入手が困難な場合には、Scope1,2の目標がScope3の目標とは異なる基準年を使用している場合には許容される	TCFDに沿って可
対象範囲	企業等に対して、自社のビジネス活動に影響を及ぼす気候変動の「リスク」と「機会」について把握し、下記の項目について開示することを推奨 ・ガバナンス（Governance）：気候関連のリスクと機会に関する組織のガバナンスを開示する。どのような体制で検討し、それを企業経営に反映しているか。 ・戦略（Strategy）：気候関連のリスクと機会が、組織の事業、戦略、財務計画に及ぼす実際の影響と潜在的な影響について、その情報が重要（マテリアル）な場合は、開示する。短期・中期・長期にわたり、企業経営にどのように影響を与えるか。またそれについてどう考えたか。	【気候変動】ガバナンス、リスク・機会、事業戦略、目標と実績、排出量算定方法、GHG排出量、排出量詳細、カーボンプライシング、エンゲージメント(協働) 【水セキュリティ】現状、ビジネスへの影響、手順、リスクと機会、施設別水のアカウンティング、ガバナンス、ビジネス戦略、目標 【フォレスト】コンテクスト、トレーサビリティ、ターゲット・認証基準、リスクと機会

SBT	RE100
Science Based Targets	Renewable Energy 100%
パリ協定が求める水準と整合した、5～10年先を目標年として企業が設定する、温室効果ガス排出削減目標のこと	100%再生可能エネルギーにコミットする何百もの大規模で野心的な企業を結集したグローバル企業の再生可能エネルギーイニシアティブ
CDP・UNGC・WRI・WWFの4つの機関が共同で運営	CDPとのパートナーシップの下、イギリスの国際環境NGO・The Climate Group
2015年	2014年
特になし ＊中小企業向けSBTでは、従業員500人未満・非子会社・独立系企業	影響力のある企業 ・年間消費電力量が100GWh以上である企業＊ 特例として現在、日本企業は50GWh以上に緩和されている ・年間電力消費量が100GWh未満（日本企業では50GWh未満）の企業は、以下の特徴を1つ以上有している場合には、例外的に加盟できる可能性がある ・RE100事務局が重視している地域における主要な事業者であること ・RE100事務局が重視している業種における主要な事業者であること ・RE100事務局が重視している地域において政策提言に参加する意思があること ・グローバルまたは国内で認知度・信頼度が高い ・主要な多国籍企業（フォーチュン1000またはそれに相当） ・その他、RE100の目的に利する国際的・地域的な影響力を持つこと ・再エネ設備メーカー及び金融機関の場合は、上記の他に別途要件が存在する ・以下の業種にのみ該当する企業はRE100に参加できない（化石燃料・航空・軍需品・ギャンブル・たばこ・主要な収入源が発電事業である企業）
・短期目標：5～10年先を目標年として企業が設定する年（2022年7月15日以降提出対象）より、従来の「15年先まで」から定義が変更 ・長期目標:10年以上先、2050年までの目標として、SBT(SBTi)が設定を推奨 ＊中小企業向けは2030年	目標レベルに記載
2015年以降。最新のデータが得られる年で設定することを推奨 ＊中小企業向けは2018年	−
・グループ全体レベルでの目標提出、企業会計の組織範囲と一致することを推奨 ・全ての関連するGHGのカバーが必要（GHG-P定義） ・全社的なScope1,2を包含する必要（GHG-P定義）（Scope1+2+3の合計に対し、Scope3が40％以上ある場合は、その目標も） ・スコープ3：排出全体の2/3以上をカバーする、以下目標（片方もしくは両方）を設定する①排出削減目標②サプライヤー/顧客とのエンゲージメント目標 ＊中小企業向けはScope1,2排出量	・GHGプロトコルで定義される、すべての電力に関連するScope2及び発電に係るスコープ1を再エネ化すること ・グループ全体で加盟すること ＊ただし、親会社と明確に分離したブランドであり、1TWh以上の年間消費電力

表5-2　国際イニシアティブ（つづき）

	・リスク管理（Risk Management）：組織がどのように気候関連リスクを特定し、評価し、マネジメントするのかを開示する気候変動のリスクについて、どのように特定、評価し、またそれを低減しようとしているか ・指標と目標（Metrics and Targets）：その情報が重要（マテリアル）な場合、気候関連のリスクと機会を評価し、マネジメントするために使用される指標と目標を開示する。リスクと機会の評価について、どのような指標を用いて判断し、目標への進捗度を評価しているか	
目標レベル	【指標と目標】 気候関連のリスク及び機会を評価・管理する際に使用する指標と目標を、そのような情報が重要な場合は開示 指標や目標は、単に開示が推奨されている項目について開示するだけではなく、当該指標と目標がどのように企業としての価値創造に結びつくのか、また戦略に合致した指標であるかがわかるよう、ストーリー性を持たせて開示することが求められている	TCFDに沿った情報開示が可能
費用		Subsidized contribution 105,300円（＋消費税） Standard contribution 272,500円（＋消費税） Enhanced contribution 650,000円（＋消費税）
参加・賛同（世界）	3,819の企業・機関が賛同（2022年9月22日現在）	9,600社以上の回答。Aリスト319社（2020年度） 13,189社の回等。Aリスト270社以上（2021年度）
参加・賛同（日本）	1,062の企業・機関が賛同（2022年9月22日現在）	Aリスト：気候変動55社、水セキュリティ37社、フォレスト（木材）1社、（パーム油）2社

出所）各イニシアティブの公式サイトおよび報道発表資料をもとに（株）船井総合研究所作成

共通していることはパリ協定が前提にあることです。1.5℃ないし2℃を目標年に達成することであり、そのためのリスクやガバナンスや戦略、そして指標・目標が存在しており、それをルールに則り明示することとなっております。

例として、CDPでは、単なる削減の数値目標を設定するのみではなく、詳細な内訳や中身を必要とされるものとなっています。

CDPでは最新の質問書をホームページで公開しています。2022年版

・以下の水準を超える削減目標を設定すること Scope1,2　1.5°C水準＝年4.2％以上削減（2022年7月以降必須） Scope3　Well below 2°C水準＝少なくとも年2.5％削減 ・スコープ2：ロケーション基準/マーケット基準のいずれを用いて算定したかを明示する ・スコープ3：各カテゴリーを網羅する算定イベントリが必要 ・炭素クレジット（第三者の削減）の使用は不可（長期目標の設定では考慮できる） ・削減貢献量（社会における自社製品等による通常比の削減）は、SBTには含まれない ・SBTiへの目標提出時より、最短5年、最長10年以内の時点とする。基準年は2015年以降の必要あり ・Scope1,2：通常総量目標（削減要件を満たす場合、原単位目標も設定可能） ・Scope3：総量目標/エンゲージメント目標（他社の削減）/各セクター別目標に依拠 ＊中小企業向けは、2つから選択 ①Well below 2°C水準：Scope1,2を30％削減（年率2.5％） ②1.5°C：Scope1,2を50％削減（年率4.2％）	・目標年を宣言し、事業全体を通じた100％再エネ化にコミットする、もしくは既に100％再エネ化を達成していること。目標年の設定は以下の要件を満たさなければならない ＊遅くとも2050年までに、100％再エネ化を達成する ＊2030年までに60％、2040年までに90％の中間目標を設定する ＊特例として現在、日本企業においては中間目標の設定は「推奨」に緩和されている。その代わり、日本企業には「『日本の再エネ普及目標の向上』と『企業が直接再エネを利用できる、透明性ある市場の整備』に関する、政策関与と公的な要請を積極的に行うこと」が求められる
目標妥当性確認のサービスはUSD9,500（外税）の申請費用が必要（最大2回の目標評価を受けられる） 以降の目標再提出は、1回につきUSD4,750（外税） ＊中小企業向けは1回USD1,000(外税)	Gold：年会費$15,000(特典はイベント登壇機会など) Standard：年会費$5,000
79か国3776社（2022年10月3日現在）	24か国384社参加（2022年10月1日現在）
参加338社、認定取得277社（内中小企業151社）、コミット61社（2022年10月3日現在）＊世界2位	72社参加（2022年7月現在）

の質問書とスコアリング方法を確認いただき、回答として求められる内容を参考にしてください。

SBTやRE100においても、パリ協定が求める水準と整合した目標を求めています。そのSBT認定企業では、購入先サプライヤーの70％～90％にSBT目標を設定させるとしている会社もあります。

ESG金融（環境（Environment）・社会（Social）・ガバナンス

(Governance) といった非財務情報視点での投資機会や気候変動リスクからの投資引き上げ(ダイベストメント)等は無関係と考える方もいらっしゃるかもしれませんが、取引先要請に対応できないことでの取引機会損失リスクは回避したいと思うはずです。

その1.5℃と2℃の目標に合わせた、中長期排出削減目標の設定が大前提となります。そしてまずはScope1と2についての削減についての設定となります。

SBTの中小企業版では、子会社を含む企業全体の基準年（目標年までの削減率を決定する際の基準となる年）である2018年に対して、①Well below 2℃水準：Scope1,2を30%削減（年率2.5%）②1.5℃：Scope1,2を50%削減（年率4.2%）のいずれかを選択して、目標年2030年の目標値とします。

もちろん、Scope3も含めることや、短期中期長期に分けて2050年までの目標値設定をできるならば、是非チャレンジをしてください。他のイニシアティブのように、基準年は自社で定められるものもありますが、**せめて「直近年となる2年以内の最新の排出量データが存在する年」とすることをおすすめします。**

またTCFDでも開示が推奨されている指標に対して、目標の設定及び進捗の把握が企業に求められています。目標の設定については、当然多くの企業が業績アップを目指すために、単純計算ならばGHG排出量がむしろ増えてしまうかもしれません。その際には、目標を生産量あたりのGHG排出量としたケースも見られます。

また開示推奨となる製品の全ライフサイクルを通じて回避されたGHG排出量としては、製品やサービスを通じてのバリューチェーンの削減量、削減貢献量も評価をされています。

国際イニシアティブの対象を見ていくと、RE100のように対象企業が明確になっているものや、CDPのように回答要請ありきのものもあり、自社とは無関係と感じる方も多いと思います（RE100には、参加要件を満たさない団体（中小企業、自治体等）を対象とした日本独自のイニシアティブとして「再エネ100宣言 RE Action」があります）。

また内容的には、自社で取り組めていないことや、分析や戦略に含まれていないことも多くあり、取り組みへの障壁が高くなるかもしれません。

しかし考え方としては、顧客からの要望に対して取り組まねばならないのではなく、その社会に求められていることと同等のことができていると言えることではないかと思います。取り組みには費用も工数も掛かることであり、簡単にとはいかないと思いますが、まずは中長期の排出削減目標からスタートして、CDPやTCFDで求められているシナリオ分析を前提としたもので、明確に表せることを目指してください。

2 ガバナンス（体制）

（1）責任者は経営者

中堅・中小企業が脱炭素経営に取り組む際に最も重要なことは、経営者が先頭に立つということです。第1章でもお伝えした通り、経営の最重要テーマとなることから、担当者を決めて任せるだけでは進みません。経営者を頂点に置き、責任者となる委員会組織を組むことが必要です。経営者が先頭に立たなければ、その本気度が社員に当然伝わることも難しく、片手間でやろうとした瞬間に社内はそれ以下の取り組みレベルになっていきます。トップの本気度が、その成果を決めるということは過言ではなく、トップ肝いりの新規事業に取り組む時よりもさらに費やす時間と熱意が必要です。

弊社がコンサルティング業務で脱炭素経営に携わる際にも、この点は重視しており、その経営者の本気度は成果にも明確に表れてきています。コンサルティングのご相談を受ける際に多くあったことが、担当者が経営者から指示を受けて取り組んできているが、想定通りに進まないというものでした。また現場任せとしたものの、担当者が通常業務多忙のなかで進まず、結果として数値だけを追いかけるものになっていることが多いようです。形骸化した委員会組織となってしまい、委員会メンバーや経営陣もルールや市場の状況を理解しないまま、本質が欠落してしまっているのです。

結果として、何か省エネのネタがないか？　と、乾いた雑巾を絞る状況の現状を訴え、手法だけを担当者が探すものの、当然時間と費用の関係で投資に繋がらないことが多くなっているようです。

場当たり的な脱炭素経営への取り組みは決して会社のためにならず、経営資源が限られている中堅・中小企業にとってはマイナスの効果にもなりかねません。それゆえ、経営者が主体となり、目標設定から戦略と管理まで実施できる体制づくりが鍵となるのです。

（2）TCFDガバナンス

TCFDでも開示項目として推奨されているひとつに「ガバナンス」があります。「気候関連のリスク及び機会に係る組織のガバナンスを開示する」とされており、a）気候関連のリスク及び機会についての、取締役会による監視体制を説明する、b）気候関連のリスク及び機会を評価・

表5-3　TCFDガバナンス

気候関連のリスク及び機会に係る組織のガバナンスを開示する	
a）気候関連のリスク及び機会についての、取締役会による監視体制を説明する 気候関連問題に関する取締役会の監視体制を説明するに際して、組織は以下の事項に関する詳解を含めて検討する必要がある。	
	気候関連問題について、取締役会及び/または委員会（監査、リスクその他の委員会など）が報告を受けるプロセスと頻度。
	取締役会及び/または委員会が、戦略、主な行動計画、リスク管理政策、年度予算、事業計画をレビューし指導する際、また当該組織のパフォーマンス目標を設定する際、及び実行やパフォーマンスをモニターする際、さらに主な資本支出、買収、資産譲渡を監督する際、気候関連問題を考慮しているか否か。
	取締役会が、気候関連問題に対する取組のゴールと目標への進捗状況を、どのようにモニターし監督するか。
b）気候関連のリスク及び機会を評価・管理する上での経営者の役割を説明する 気候関連問題に関する評価・管理における経営者の役割を説明するに際して、組織は以下の事項に関する情報を含めて検討する必要がある。	
	組織が、管理職または委員会に対して気候関連の責任を付与しているか、付与している場合は当該管理職または委員会が取締役会またはその委員会に報告しているか、さらにそれらの責任には気候関連問題の評価や管理が包含されているか。
	当該組織における（気候）関連の組織的構造の説明。
	経営者が気候関連問題に関する情報を受けるプロセス。
	経営者がどのように（特定の担当及び/または経営委員会を通じて）気候関連問題をモニターするか。

出所）TCFDコンソーシアム「気候関連財務情報開示に関するガイダンス3.0［TCFDガイダンス3.0］」（TCFD, 2021『気候関連財務情報開示タスクフォースの提言の実施』（訳：TCFDコンソーシアム、特定非営利活動法人サステナビリティ日本フォーラム、監訳：長村政明、TCFDコンソーシアム企画委員会）p.17より抜粋）より

管理する上での経営者の役割を説明する、とされています（**表5-3**）。

a）では取締役会に対して、気候変動に関する監督と、監視体制の開示を求めています。それゆえ、監督する立場の取締役会と執行する立場の経営陣をトップにした役割について明確にした組織の開示が必要となっていきます。またb）で言及されている「管理職」とは、「management-level position」と記されており、労働法制等において労働現場を管理するという意味での「管理職」ではなく、「企業から実質的に気候関連問題の評価・管理の責任を付与された役員クラスの者」の意と解されています（環境省「気候関連財務情報開示に関するガイダンス（TCFDガイダンス）」p.17　2018年12月）。

経営陣と取締役会の機能が明確になっており、その運用が定着しているならば全く問題無いことではありますが、中小企業においては形骸化されていることも少なくありません。対象者が被ることもあり、また同族経営となると家族会議のようになることがあります。しかし脱炭素経営に取り組むメリットとして、ガバナンス体制を構築できると考えてみてはいかがでしょうか。「ウチの会社はPDCAを回せない（回すのが下手だ）」と言われる経営者にとっては、「C（CHECK）」が機能していくことで、これまでよりも成果が上がることは間違いありません。継続性の課題を嘆く経営者にとっても、それが得意となるチャンスにもなっていくはずです。脱炭素経営を、家業から企業に変えるチャンスとしてください。

（3）委員会組織

ESG委員会、サステイナビリティ委員会、環境委員会等名称は各社異なりますが、先の通り取締役会と経営陣を機能させることに加え、社内外への展開や現場を巻き込んだ組織を構築していかなければなりません。欧米では取締役会直下の委員会がESGを監督する例が多く、経営の重要度が増しています。

国内の上場企業でも、取締役会を構成する指名委員会や報酬委員会、監査委員会の３大委員会に次ぐ、第四の委員会として位置づける会社が増えています。これはコーポレートガバナンスの中核として、経営における重要性の表れであり、むしろそう位置づけなければ企業存続だけでなく、会社のパーパスや存在意義を達成できないという考えによったのかもしれません。

では中堅・中小企業は、どのように委員会組織を構築すべきかですが、「とりあえず各部門の責任者を集めました」では、当然機能していきません。組織図が構成される時と同様に、目的があって役割があり、それが現時点だけではなく中長期視点での組織を構築しなければならないのです。

中堅・中小企業にとって、脱炭素経営に取り組む上で必要な役割案は**表5-4**の通りです。それぞれに役割はありますが、自社の取り組み過程

表5-4　脱炭素経営に必要な役割案

必要な役割	担当
外部への発信	上場企業の場合はIR担当 広報的役割担当者
経営管理との整合性	経営企画
財務情報との整合性	財務経理責任者
数値の取りまとめ	総務関連の責任者
購入品関連	購買もしくは総務
研究開発段階からの展開	研究・開発責任者
顧客の要望、市場動向	営業、マーケティング
グループ及び関連会社との連携	各社代表
各種部門への展開	部門責任者

出所）（株）船井総合研究所作成

においても各社違いが出てくるものです。特にScope3まで進んでいる企業にとっては、購買部門の役割は大きくなっていきます。単なる計画提出や削減要望だけでなく、これまでの原価低減の考えによってのサプライヤーとの協力が必要になっていきます。製造業ならば生産管理部門や設計・開発部門を巻き込んでの設計変更や、物流部門との連携によっての最適化も必要になっていきます。製品・研究開発部門やマーケティング部門も同様で、市場の移り変わるニーズを脱炭素の経営方針に照らし合わせ展開する必要があります。つまり、企業活動の全てが一本化していなければ成り立たない取り組みとなるわけです。気候変動対応は、「企業価値」「事業売上」「資金調達」の面でもリスク・機会となりうることから、全社挙げて取り組む必要性が高まっています。

もちろん、ここであげた役割はあくまでも一例ですので、こだわる必要はありません。しかし、実務面、さらに言えば社内展開にて実現に近づけるためには役割を機能させていくしかありません。ガバナンスと切り取られた言葉に捉われず、実現のための組織を構築していってください。

3　戦略とシナリオ分析

（1）戦略構築のためのシナリオ分析

TCFDでは戦略項目に関して、気候変動に関する具体的なシナリオ分析を用いた情報開示を推奨しています。具体的な要求項目としては、「気候関連のリスク及び機会が組織のビジネス・戦略・財務計画への実際の及び潜在的な影響を、重要な場合は開示する」としており（**表5-5**）、ここでは気候変動に関する具体的なシナリオ分析に基づいた情報開示が推奨されています。

既に本章の「1　1.5℃と2℃シナリオに基づく削減目標」でお伝えした通り、これからは不確実性の高い時代が待っています。全てが問題なく上手く進めば良いのですが、何かがあったとしても、経営に「まさか」は許されるはずもなく、各種リスクに備えておくことが求められます。そのため、シナリオ分析が必要です。そうすることで、将来の変化に対して柔軟に対応することも可能となっていきます。そうすることで、「…だろう」や「きっと…」といった、不確実で結論の無い議論を避けることも可能となってくるのです。

TCFDでは、シナリオ分析を「不確実性が存在する状況下での将来事象の潜在的な範囲の結果を特定し、評価するためのプロセスを指す。例えば気候変動の場合、シナリオを使って、気候変動の物理的・移行リスクが時の経過とともに事業、戦略、財務パフォーマンスにどのような影響を与えるかについて、組織が調査し、理解を深めることができる」ものと説明しています。

表5-5　戦略とシナリオ分析を用いた情報開示

気候関連のリスク及び機会が組織のビジネス・戦略・財務計画への実際の及び潜在的な影響を、重要な場合は開示する
a）組織が選別した、短期・中期・長期の気候変動のリスク及び機会を説明する
組織は、以下の情報を提供すべきである。
・組織の資産またはインフラストラクチャーの耐用年数と気候関連事項は往々にして中長期にわたり顕在化するという事実を考慮して、適切と思われる短期・中期・長期の時間的範囲の記述 ・時間的範囲（短期・中期・長期）ごとに、組織に重要（マテリアル）な財務への影響を与える可能性のある具体的な気候関連事項の記述 ・どのリスクと機会が組織に重要（マテリアル）な財務への影響を与える可能性があるかを判断するプロセスの記述
組織は、セクターおよび/または地域別にリスクと機会の内容を適宜提供することを検討すべきである。
b）気候関連のリスク及び機会が組織のビジネス・戦略・財務計画に及ぼす影響を説明する
組織は、推奨開示 a）を基に、特定した気候関連事項がその事業や戦略および財務計画にどのように影響しているかについて考察すべきである。 また、事業、戦略および財務計画に関する以下の分野への影響も検討すべきである。
・製品とサービス ・サプライチェーンおよび/またはバリューチェーン ・適応と緩和活動 ・研究開発関連投資 ・事業運営（事業の種類や施設の所在地を含む） ・買収または売却 ・資本へのアクセス
組織は、気候関連事項がどのようにして財務計画策定プロセスに取り込まれるか、想定した期間、および気候関連のリスクと機会の優先順位をどのように決めるのかを記述すべきである。組織の開示は、経時的な価値創造能力に影響を与える要素の総合関係の全体像を反映すべきである。
組織は、気候関連事項が自らの財務パフォーマンス(例：収益、費用)や財務ポジション(例：資産、負債)に与える影響を記述すべきである（定性的、定量的な組み合わせで記述することができる。タスクフォースは、データや方法論が利用可能な場合は、組織に定量的な情報を含めるよう奨励）。組織の事業戦略や財務計画を開示するために気候関連のシナリオを使用する場合、当該シナリオについても記述すべきである。
GHG排出量削減のコミットメントをおこなった組織、そのようなコミットメントをおこなった法的管轄区域で活動をおこなっている組織、あるいはGHG排出量削減に関する投資家の期待に応えることに合意した組織は、低炭素経済への移行に関する計画を記述すべきである。その計画には、GHG排出目標や、その事業やバリューチェーンでのGHG排出量削減を意図した特定の活動、あるいはその移行を支援するための活動が含まれる場合がある。
c)2°C以下シナリオを含む様々な気候関連シナリオに基づく検討を踏まえ、組織の戦略のレジリエンスについて説明する
組織は、2°C以下のシナリオ（「世界全体の平均気温の上昇を工業化以前よりも摂氏2度高い水準を十分に下回るものに抑えること並びに世界全体の平均気温の上昇を工業化以前よりも摂氏1.5度高い水準までのものに制限するための努力」）に合致した低炭素経済への移行、およびその組織が該当する場合は、物理的気候関連リスクの増加と整合したシナリオを考慮した上で、気候関連のリスクと機会に対する自らの戦略にどの程度レジリエンスがあるかを記述すべきである。
組織は以下の事項を検討すべきである。
・自らの戦略がどのように気候関連のリスクと機会の影響を受ける可能性があるか ・そのような潜在的なリスクと機会に対処するために戦略をどのように変更する可能性があるか ・気候関連事項が財務パフォーマンス(例：収益、費用)や財務ポジション(例：資産、負債)に及ぼす潜在的な影響 ・検討に際し考慮された気候関連のシナリオと時間的範囲

出所）TCFDコンソーシアム　「気候関連財務情報開示 に関するガイダンス3.0［TCFDガイダンス3.0］」p.17（TCFD, 2021『気候関連財務情報開示タスクフォースの提言の実施』（訳：TCFDコンソーシアム、特定非営利活動法人サステナビリティ日本フォーラム、監訳：長村政明、TCFDコンソーシアム企画委員会）p.18-19より抜粋）

表5-5のａ）とｂ）についてはａ）で（シナリオ分析を行うか否かにかかわらず）短期・中期・長期のリスクと機会を特定し、ｂ）でそのリスクと機会に基づき気候関連問題の事業、戦略、財務計画への影響を説明することを求めています。また、ｃ）における「シナリオ分析」にはａ）、ｂ）の要素も含まれます（TCFDコンソーシアム 「気候関連財務情報開示に関するガイダンス3.0［TCFDガイダンス3.0］」p.18）。

ａ）の「短期・中期・長期」の時間軸については、気候に関連した事業の影響は夫々が個別にある為に、その指定はありません。資産の寿命、それらが直面している気候関連リスクの特徴、及びそれらが事業をおこなっているセクターおよび地理的所在に従って、時間軸を定義するよう推奨しています。

IPCCの1.5℃報告書の通り、2050年前後に世界全体の人為起源のCO_2排出量を正味ゼロにする必要性を示しており、2050年が多くの国の長期的目標年次となっています。またパリ協定での目標年次に日本を含め2030年が挙がっており、中間地点の時間軸として捉えられています（TCFDコンソーシアム 「気候関連財務情報開示に関するガイダンス3.0［TCFDガイダンス3.0］」 p.18）。また、気候関連リスクは組織に対して長期にわたり影響を与える可能性があり、その評価にも適切な時間枠の検討を求められています。その際に既存レポート等のシナリオを活用して、定量と定性での評価が求められています（**表5-6**）。移行リスクと物理的リスクそれぞれにデータ源として活用できます。特に現在の日本企業の開示状況では移行リスク重点型が多いのですが、海外投資家たちの間では日本の風土から自然災害も懸念にもなっている為に、訴求によっては物理的リスクの充実も忘れてはなりません。

ｂ）の影響を検討すべき組織のビジネスと戦略の7分野に加え、2021

表5-6　移行・物理シナリオ

対象	適用可能シナリオ群
移行リスク	・IEA WEO NZE2050（ネットゼロシナリオ）／IEA WEO SDS（持続可能な開発シナリオ）／IEA WEO APS（提唱公約シナリオ）／IEA ETP 2DS（2°C目標）／IEA WEO STEPS（公表政策シナリオ） ・Deep Decarbonization Pathways Project（2°C目標達成） ・IRENA REmap（再エネ比率を2030年までに倍増） ・Greenpeace Advanced Energy [R]evolution（2°C目標達成） ・PRI 1.5°C RPS（Required Policy Scenario）、PRI FPS（Forecast Policy Scenario）
物理リスク	・IPCCが採用するRCP（代表的濃度経路）シナリオ：RCP8.5、RCP6.0、RCP4.5、RCP2.638

出所）環境省　地球温暖化対策課、「TCFDを活用した経営戦略立案のススメ～気候関連リスク・機会を織り込むシナリオ分析実践ガイド ver3.0」1-31

年付属書改訂によって低炭素経済への移行に関する計画（移行計画：Transition Plan）も一定の条件下で推奨される開示項目となりました。**表5-1**の通り、現状の取組レベルでは未達の可能性となることからも、目標とすべき温度の設定値も1.5℃以下と、年々厳しくなってきております。そうなると現状との乖離について、将来目標までの到達が重要な視点にもなってきます。移行計画の開示のあり方について、金融庁と経済産業省と環境省は移行（トランジション）に向けた資金調達について2021年5月に「クライメート・トランジション・ファイナンスに関する基本指針」を策定し、TCFDは、推奨される開示の要素について記載された2021年10月に「指標、目標、移行計画に関するガイダンス」が発表されています。また研究開発においては気候関連のイノベーションへの期待から、その研究開発の必要性について自社が特定した将来のリスクや機会と関連づけた理由や、その予算配分や収益貢献やCO_2削減効果等までの記載を薦められています。

（2）シナリオ分析

c）にて求められるシナリオ分析には単なる分析業務や作業ではな

く、前述の通り自社の機会やリスクの把握から戦略や事業の見直し等、企業にもたらすメリットが多く存在しています。ただし、初めて取り組む方にとっては、定量化できていないものも多くあり、また分析手法やシナリオ設定方法等不明なことだらけとなり、障壁も高くなりがちです。

TCFDのシナリオ分析ガイダンスでは、シナリオに対する誤った認識と正しい認識として、**表5-7**を挙げています。

この表現は納得性が高く、つい陥りがちな捉え方についても気付かされます。未来は決まったものではなく、しかし良い方向とそうでないものと様々に考えられるものであり、変化をしていくのが前提となっているのです。だからといって、皆が都合の良い解釈ばかりでは本来のゴールにはたどり着けません。それゆえに説得性のある戦略ストーリーをつくるツールとなっているのです。

最初から完璧な形を求める必要はありません。取り組むメリットを信じて、スモールスタートで進めていただければと思います。

①シナリオ分析着手準備

分析に着手する際に**表5-8**の通り、４項目の準備が必要となります。

表5-7　シナリオに対する誤った認識と正しい認識

シナリオに対する誤った認識	シナリオに対する正しい認識
予測	想定される様々な将来についての説明
単一の基本形を変化させたもの	将来に関する、相互に大きく異なる見方
最終形を写した断片的な写真	将来に向けて絶えず変化する様子を映す映画
望まれる／恐れられる将来についての一般論	固有の意思決定に焦点をあてた将来の見方
外部の未来学者の成果	経営層の洞察や認識の産物
規範的（normative）	探索的（exploratory）

出所）TCFDコンソーシアム「グリーン投資ガイダンス2.0」(原典はTCFD, 2020, Guidance on Scenario Analysis for Non-Financial Companies p.16（Table C1、Figure C1）及びp.17の記載よりTCFDコンソーシアム作成)

表5-8　TCFD準備

経営陣の理解の獲得	・経営上常に実施している「リスクを幅広に認識し、実際起こったと仮定した場合への対応を考えておくことがシナリオ分析」 ・気候変動対応が企業価値へ影響を与えうることの認識（顧客ニーズ、同業者状況、ESG状況等）
分析実施体制の構築	・社内の巻き込み（A:分析実施過程から関連部署を巻き込む　B:社内でチーム編成） ＊初回と2周目以降にて構成変更が必要
分析対象の設定	・シナリオ分析の対象範囲を、「売上構成」「気候変動との関連性」「データ収集の難易度」等を軸に選定することにより、ビジネスモデルに沿った分析が可能 ・2周目以降に徐々に対象範囲を広げることで、より網羅的な分析が可能となる
分析時間軸の設定	・将来の「何年」を見据えたシナリオ分析を実施するかを選択する ・事業計画の期間、社内の巻き込みの状況、物理的リスクの自社への影響度等の観点から、分析年度を決定する

出所）環境省地球環境局地球温暖化対策課　「TCFDを活用した経営戦略立案のススメ～気候関連リスク・機会を織り込むシナリオ分析実践ガイド～ ver.3.0の解説」p.9

表5-9　初期段階と2回目以降の違い

	シナリオ分析の実行体制	事業部の関わり方	関わる事業部の役職
シナリオ分析に“初めて”取り組む企業	ESG・サステナビリティ担当部署等が中心となり、シナリオ分析や事業部へのヒアリングを実施	・シナリオ分析実行者に対するデータ提供 ・（他部門が実施した）分析結果へのフィードバック	・特に指定なし ・一方、事業部責任者はシナリオ分析の意義、概要を理解していることが望ましい
シナリオ分析に継続的に取り組む企業	・ESG･サステナビリティ関連部署は事務局的な役割 ・事業部がシナリオ分析･部内へのヒアリングを実施	・シナリオ分析実行者に対するデータ提供 ・関連する分析範囲に関するシナリオ分析の実行 ・部内へのヒアリング	・データ収集、対応策推進等において巻き込みが必要となるため、より意思決定に近い役職の関与が望ましい

出所）TCFDコンソーシアム　2022年10月「気候関連財務情報開示 に関するガイダンス3.0［TCFDガイダンス3.0］」p.2-11

「経営陣の理解の獲得」については、既に「経営者が主導で」とお伝えしていますが、全ての経営者が理解していなければ、思った以上に掛かる工数や手間、そして何よりも現場から上がってくるネガティブな言葉に対応できないどころか、その方向に流されてしまいます。「分析実施体制の構築」については、全社活動であるはずが事務方のみで進めてしまうと、これは後工程にて成果を得ることが困難となる要因にもなり、初期段階から現場レベルの巻き込みは不可欠となります。「分析時間軸の設定」については、2050年を軸にした分析が有効です。

ただし**表5-9**の通り、初期段階と2回目以降でも関わらせ方が変わってきます。初年度の型づくりさえできれば、今後必要なことも見えてきて、またイメージや方向性が見えていれば取り組みの障壁も低くなっていくものです。しかしやはり中堅・中小企業にとって大切なことは、「戦略は組織に従う」となるもので、組織が具体的に機能しない限り進まないことでもあると思います。組織への理解度をいかに深めるかの視点を重要視していただければと思います。「分析対象の設定」については、対象地域（国内／海外)、事業範囲（一部／全部)、企業範囲（連結決算範囲／子会社含む等）となりますが、「売上構成」「気候変動との関連性」「データ収集の難易度」の観点で判断をすると良いでしょう。分析時間軸においては、これまでの通り2050年と中間点の2030年が望ましいのですが、一方でこれまで取り組んできた経営計画との整合性には課題も残ります。当然ながら全てが連動しなければならないはずが、別軸で考えようと進めるうちに切り離されていく恐れも潜んでいます。それ故に、現行設定の経営計画をベースにしながら、そこに加えていくことが良いのでしょう。

②リスク重要度の評価

次に、企業が直面しうる気候変動の影響による様々なリスクと機会について、検討していかねばなりません。その際に注意することは、**業界はもちろん自社に潜むリスクについて、ポイントを押さえた粒度にて選定及び評価ができるか**、ということになります。リスク重要度の評価は次のステップで進めてください。

ｉ）リスク項目の列挙

TCFD提言でも例示されているリスクと機会もありますが、さらにTCFDコンソーシアムが作成した「気候関連財務情報開示に関するガイダンス3.0［TCFDガイダンス3.0］」においても、業種別ガイダンスが解説されています。自動車、鉄鋼、化学、電機・電子、エネルギー、食品、銀行、生命保険、損害保険、国際海運においては業種別の開示推奨項目がまとめられています。業種該当が無い場合は、**表5-10**の小分類も参考にしてもらいながら、自社や業界にとって考えられるリスク・機会項目を列挙してみてください。列挙したリスクを大分類として低炭素経済への移行に関する移行リスク（政策規制、市場、技術、評判（顧客の評判変化、投資家の評判変化）等）、気候変動による物理的変化に関する物理的リスク（リスク発生が慢性のもの（平均気温の上昇、降水・気象パターンの変化、海面の上昇等）と急性のもの（異常気象の激甚化等））に分けていきます。

ⅱ）事業インパクトの定性化

列挙したリスク・機会項目から、既に公開されている同業や競合他社の内容も参考に、定性的に表現していきます。その際には、社内の関係者と認識を合わせるディスカッションも必要となります。そしてむしろ、この社内ディスカッションこそが鍵であり、想定していなかったリスクや機会の発見となること、そして事業部内での認知と浸透にも役立っていきます。

ⅲ）リスク重要度評価

重要度評価については、リスク・機会が現実のものとなった場合の事業インパクトの大きさを評価していきます。影響範囲が大きいものを「大」、影響が少ないものを「小」、それ以外を「中」としてみても良い

表5-10　TCFDリスクと機会の項目例

大分類	中分類	小分類	項目	事業インパクト（大・中・小）	短期	中期	長期
移行リスク	政策・法規制	炭素税導入による運用コストの増加	事業活動による炭素排出に伴うコストの増加				
		炭素税導入による調達コストの増加	炭素排出量が多い材料の調達コストの増加				
		炭素排出枠（排出量取引）への対応コストの増加	排出枠達成のための低炭素化の対応コストの増加				
			炭素クレジットの支払額の増加				
		ZEB/環境建築物規制導入による対応コストの増加	ZEB対応のための建設コストの増加				
			ZEB対応のための修繕コストの増加				
		開示要件・規制強化による負担・罰金リスクの増大	開示対応のためのコストの増加				
			基準未達による罰金の支払い				
	技術（テクノロジー）	新技術（ZEB/EV等）・新設備・省エネ設備への切替コストの増加	既存技術からの更新のない建物の価値低下				
			新規技術への切り替えによる設備投資の増加				
	市場	エネルギー価格高騰によるランニングコストの増加	系統不安定の増大によるエネルギー価格の上昇				
			エネルギーの需給変化によるエネルギー価格の上昇				
		エネルギーミックスの変化による再エネコストの増加	再エネ比率により、再エネ導入コストが増加				
		サプライヤーの炭素意識向上によるコストの増加	材料の仕入れコストの増加				
			共同購買によるコストの増加				
		消費者の炭素意識向上によるコストの増加	リサイクル、リユース、リデュースの普及によるリスク				
			製品長寿命化へのによるリスク				
			販売商品の低炭素化遅れによるリスク				
		規制強化による公的セクターの市場増加	公共不動産のシェアの増加による収益の減少				
	評判	顧客からの評判の低下・説明不足による競争力の低下	低炭素化に消極的なことによるブランド毀損				
		投資家からの評判の低下・説明不足による競争力の低下	消極的な対応による投資の引き上げ				
			資金調達コストの増加				
		サプライヤーからの評判の低下・説明不足による調達力の低下	消極的な対応による投資の引き上げ				
			資金調達コストの増加				
		従業員からの評判による定着率の低下	気候変動への消極的な姿勢による従業員の離反				
			雇用コストの上昇				
物理リスク	急性	風水害の激甚化による損害の増加	激甚化する豪雨災害による被害額/復旧コストの増加				
			沿岸地域の資産価値の低下				
		風水害の激甚化による事業停止リスクの増大	サプライチェーンの断絶による事業停止				
			オフィスや不動産の被害による事業停止				
			データ（支援先データ、個人情報データ）の紛失による事業停止				
		風水害の激甚化による従業員の健康と安全リスクの増大	災害による従業員のケガ・生命の危険				
			災害・環境に対する不安増大				
	慢性	平均気温の上昇による操業コストの増加	平均気温の上昇によるエネルギーの増加				
			電力使用の増加によるグリッドの賦課の増加				
		平均気温の上昇による不動産需要の減少	屋内環境の快適性の毀損による需要減少				
		平均気温の上昇による生産性の低下	労働生産性の低下による工期の遅延				
			労働環境悪化による従業員の離職率の増加				
		海面上昇による資産価値の低下	建物の建設地の制約の増加				
			建築物の資産低下リスク/早期除却				

表5-10　TCFDリスクと機会の項目例（つづき）

大分類	中分類	小分類	項目	事業インパクト（大・中・小）	短期	中期	長期
物理リスク	慢性	海面上昇による浸水被害の増加	浸水被害の増加				
			オフィスや事業所の浸水被害による受注減				
		干ばつや気象パターンの変化による水リスクの増大	水使用効率向上のための設備投資				
			水道料金の増加				
			水リスクの増大による事業の制限				
		環境変化による保険料の増加	保険適用範囲の縮小				
			保険料の増額				
機会	製品とサービス	環境配慮技術・サービスの開発	新たな環境配慮技術やサービス開発の先行による事業機会獲得				
			環境配慮技術の開発や実装に対する助成の強化				
			政策的インセンティブの活用や税制優遇等の活用				
	市場	公的機関のインセンティブの使用機会の増加	グリーンボンドの発行などによる低金利の融資				
			公的機関からの収益の増加				
		環境配慮サービスの開発・提供	環境適応商品の受注促進				
			商品の長寿命化				
			気候関連情報の開示促進による企業イメージの向上				
			投融資機会の獲得、資金調達コストの低減				
	資源の効率性	自社オフィスの効率化によるランニングコストの減少	高エネルギー技術の導入によるコストの低減				
			設備等の高効率化によるエネルギーコストの削減				
		サプライチェーンにおける環境意識の向上	製品、資材のリサイクル率向上による廃棄物コストの減少				
			輸送の高効率化によるエネルギーコストの削減				
		高効率・環境認証ビル・不動産の資産価値の上昇	ビルの管理コストの低減				
			投資家の支持による資産価値の上昇				
	エネルギー源	再エネ・省エネ技術導入によるランニングコストの減少	運用コストの削減による競争力の向上				
			EV化にともなう燃料コストの減少				
			再生可能エネルギー需要の増加				
			再生可能エネルギーの一般化により調達コスト低下				
	回復力（レジリエンス）	不動産の補修・補強によるレジリエンスの上昇	運用コストの低減によるレジリエンス上昇				
			災害対応による事業停止リスクの低下				
		投資ポートフォリオの見直しによるレジリエンス強化	炭素集約型の不動産等からの投資の引き上げ				
			環境認証ビルの保有比率の引き上げ				

出所）国土交通省「不動産分野のTCFD対応ガイダンス～シナリオ分析対応箇所抜粋～」

でしょう。注意点としての粒度は、あまり大きくし過ぎないことです。影響度を考えているので、細かくし過ぎないものもありますが、主要な事業に関しては第三者が見ても納得しやすい粒度であることを意識してもらえると良いでしょう。

③シナリオ群の定義

シナリオ群の定義としては、ⅰ）シナリオの選択、ⅱ）関連パラメータの将来情報の入手、ⅲ）ステークホルダーを意識した世界観の整理、の流れで整理をしていきます。

ⅰ）シナリオの選択

TCFD提言においては、シナリオ分析の際に自社で独自のシナリオを策定することは任意であり、加えて業界団体や国際機関等が作成した既存シナリオを引用してもよいと示されています。

前掲**表5-6**の代表的なシナリオがあり、TCFD提言にて記載されており「2℃以下のシナリオを含む異なる気候関連のシナリオ」を考慮する点はカバーされています。ただ世界の潮流としては1.5℃シナリオが求められており、ぜひ意欲的に1.5℃シナリオ活用にも取り組んでほしいと思います。不確実な未来の話ではあり、複数のシナリオを組み合わせて進めていくことをおすすめします。

ⅱ）関連パラメータの将来情報の入手

リスクと機会の各項目について客観的な将来情報となるパラメータを入手して、影響を具体化していきます。前掲**表5-6**からの入手も当然可能であり、また物理リスクに関しては他にも気候変動適応情報プラットフォーム（A-PLAT）等からも入手可能です。ただし全ての情報を集められないこともあり、例えば将来年度によっては推計にて算出せざるを得ないことや、定性情報から定量情報を描くことも必要となります。TCFD提言においても定量化は不可欠とされておらず、シナリオ分析においてはまず気候関連のリスクと機会を定性的な観点から理解すべきとされています。それゆえ、大切なことは、定量情報を集めることではなく、将来を検討するために本当に必要な情報を集めることとなります。

iii）ステークホルダーを意識した世界観の整理

将来の事業環境の整理について、ステークホルダーを踏まえた視点にて、将来の自社の世界観についてさらに深める必要があります。脱炭素経営とは、一方で脱炭素時代に突入するなかでの経営戦略でもあります。世界的にも既存業界は大きく変わることが予想され、ゲームチェンジが起こりうる業界も少なくありません。しかし社内がまだ短期視点や自らの経験値や勘の人がいるならば、皆が視点を合わせる必要があります。競争環境の変化として脅威となる、売り手や買い手の変化、そして新規参入や自社の商品やサービスへの代替されるものも現れ、また一方で機会についてのビジネスチャンスも存在しています。そしてもちろん、ステークホルダーの要求も変化していきます。ゆえに脱炭素経営戦略について、皆の理解を得られるように議論が必要です。脱炭素時代での経営戦略は、これまで以上に重要性とその価値が高まるものになっていくでしょう。

リスク管理

TCFD提言ではリスクマネジメントとして、組織がどのように気候関連リスクを特定し、評価し、マネジメントするのかの開示を求めています（**表5-11**）。

前掲**表5-10**の通り、リスク項目の列挙と事業インパクトの結果として抽出された事業インパクトについて、財務項目は「戦略」で、また組織の経営におけるリスクマネジメントの監督/実施体制は「ガバナンス」で開示される項目と分類されます。

表5-11　リスクマネジメント

組織がどのように気候関連リスクを特定し、評価し、マネジメントするのかを開示する
a) 気候関連リスクを特定し、評価するための組織のプロセスを記述する。
組織は、気候関連リスクを特定し、評価するためのリスクマネジメントプロセスを記述すべきである。この記述の重要な側面は、組織が気候関連リスクのその他のリスクに対する相対的な重要性を決定する方法である。
組織は、気候変動に関連する現行および新規の規制要件（例：排出制限）ならびに他の考慮された要因に配慮するかどうかを記述すべきである。
組織はまた、以下の開示も検討すべきである。
・特定した気候関連リスクの潜在的な規模と範囲を評価するプロセス ・使用したリスク用語の定義、または用いた既存のリスク分類枠組の明示
b) 気候関連リスクをマネジメントするための組織のプロセスを記述する
組織は、気候関連のリスクを軽減、移転、受入、または制御する意思決定をどのように行うかなど、気候関連リスクをマネジメントするプロセスを記述すべきである。さらに、重要性（マテリアリティ）の意思決定を組織内でどのように行っているかなど、気候関連リスクに優先順位を付けるプロセスについても記述すべきである。
c) 気候関連リスクを特定し、評価し、マネジメントするプロセスが、組織の全体的なリスクマネジメントにどのように統合されているかを記述する。
組織は、気候関連リスクを特定し、評価し、マネジメントするプロセスが、組織の全体的なリスクマネジメントにどのように統合されているかを記述すべきである。

出所）TCFDコンソーシアム「気候関連財務情報開示に関するガイダンス3.0［TCFDガイダンス3.0］」p.28

（1）事業インパクト評価

「戦略」のなかでシナリオ分析から重要度評価された事業インパクトが、組織の戦略的・財務的ポジションに対して与えうる影響を評価し、感度分析を行います。P/LやB/Sへのインパクトの整理、試算、成行の財務項目とのギャップの把握をしていきます。

①リスク・機会が影響を及ぼす財務項目の把握

気候変動がもたらす事業インパクトが、財務情報（P/L、B/S）のどこに影響を与えるかを整理します。例えば業績に関することは売上に該当するわけですが、その業績影響は「需要変化」のなかでも「投資抑制」や「代替品」等の具体的要因があるわけです。費用面においても「炭素税」や「原材料の使用制限」等製造原価が増えるものも発生するかもしれません。事業インパクトの影響判断には関係部署にも協力してもらうことが、より実態に近い内容にするために必要となっていきます。

②算定式の検討と財務的影響の試算

①で該当した財務項目に対して、その財務諸表における影響額を計算していきます。自社の目標年度はもちろん、2050年と2030年の数値も算定してほしいところです。その算定式にはシナリオ分析時に入手した関連パラメータから、算定式を検討します。先の例に挙げた「炭素税」ならば、目標年度でのScope1, 2の排出量に対して同予測となる炭素税t-CO_2を掛けるものとなります。また定量的にできなかったものに関しては、検討済みと未検討を明確にしたなかで外部有識者のヒアリングや新規レポートも活用しながら、継続的な活用も検討していってほしいと思います。

③成行の財務項目とのギャップを把握

試算結果を基に、成行の財務項目と経営計画とのギャップを可視化していきます。対策が打たない場合の状況と、また事業環境変化によっての損失が収益として表面化することで、そのリスク対策の重要性について経営判断も仰ぎやすくなります。

（２）財務的影響

TCFD提言においては、気候関連のリスクと機会の財務的影響を評価し開示にあたり、①気候関連のリスクと機会が組織の財務パフォーマンスとポジションに与える実績への影響と潜在的な影響、②これらの影響が長期的に組織の企業価値にどのように影響するか、についての開示も推奨しています。

組織の気候関連指標と目標、および移行計画からの情報の開示は、気候変動に関連する実際の、または潜在的な財務的影響を推定するための重要なインプットと考えられています。例えば「産業横断的指標カテゴリ」（**表5-12**）を見ると、ガバナンス、戦略、リスクマネジメントからも財務的影響が様々な視点で拡がっていることがわかります。

これらを踏まえ、シナリオ分析から事業インパクト評価も検討して貰えればと思います。

表5-12　産業横断的カテゴリと財務の影響

<table>
<tr><th></th><th>質問</th><th>産業横断的指標カテゴリー</th><th>財務的影響</th></tr>
<tr><td>ガバナンス</td><td>組織のガバナンスは、気候関連のリスクと機会の監督、評価、マネジメントを促進させているか?</td><td>気候考慮事項に関連する役員報酬の割合</td><td rowspan="2">財務パフォーマンスに対する気候関連のリスクまたは機会の影響の例
・気候関連の機会がもたらす新しい製品やサービスからの収入の増加
・炭素価格、事業中断、不測の事態、または修理によるコストの増加
・上流でのコストの変動による営業キャッシュフローの変動
・移行リスクにさらされている資産の減損
・物理的リスクによる予想損失の総額の変動</td></tr>
<tr><td rowspan="2">戦略</td><td rowspan="2">組織は、気候関連のリスクと機会に照らして、事業、戦略、財務計画を整合させているか?</td><td>気候関連の機会と整合した収益、資産、またはその他の事業活動の割合</td></tr>
<tr><td>気候関連のリスクと機会に向けて配分された設備投資、ファイナンス、または投資の額</td><td rowspan="5">気候関連のリスクまたは機会が財務ポジションに与える影響の例
・物理的リスクおよび移行リスクにさらされることによる資産の帳簿
価額の変動
・気候関連のリスクと機会を考慮したポートフォリオ期待値の変化
・資産の増減による負債および資本の変動</td></tr>
<tr><td rowspan="4">リスクマネジメント</td><td rowspan="4">組織が気候関連のリスクにどの程度さらされているか？</td><td>スコープ1、スコープ2、およびスコープ3の絶対値、排出強度（原単位）</td></tr>
<tr><td>組織が内部的に使用したGHG排出量1トン当たりの価格</td></tr>
<tr><td>物理的リスクに脆弱な資産または事業活動の金額と程度</td></tr>
<tr><td>移行リスクに脆弱な資産または事業活動の金額と程度</td></tr>
</table>

出所）気候関連財務情報開示タスクフォース（TCFD）「指標、目標、移行計画に関するガイダンス」日本語訳：TCFDコンソーシアム特定非営利活動法人サステナビリティ日本フォーラム
監訳：長村政明、TCFDコンソーシアム企画委員会　2021年10月p.48をもとに（株）船井総合研究所作成

5 対応策の定義

これまでに特定されたリスクと機会への対応策について、自社の対応状況の把握、対応策の検討、具体的アクション社内体制の構築をしていかねばなりません。

いわゆるPDCAサイクルをまわしていくことになるのですが、その際に注意しなければならないことは経営計画との一体化です。脱炭素経営を点で捉えず線と面で捉える必要があります。既にこれまでのステップにおいて、外部環境や内部環境が見えているはずであり、それを既存の経営計画と結合する必要があります。通常の経営計画に基づいた取り組みが進みながら、一方の軸では脱炭素の取り組みだけが別に動くということでは、負担が多いものの成果に繋がらなくなってしまいます。脱炭素経営ビジョンのもとで、対応策を経営計画や事業計画に組み込んでください。

（1）自社のリスク・機会に関する対応状況の把握

まずは現状の自社対応状況を整理しなければなりません。基準年から比べ、近年のエネルギー価格高騰もあり、既に各所で対策が進んでいるものがあります。しかし組織が巨大化していくと、各所での取り組みが集約されていないことも多く見受けられます。まずは自社の現状整理から、すぐに他部門に展開できるものを見つけ、展開をしていくことはスタートとしてすぐに成果の出るものとなり、周囲の巻き込みには有効なものとなるでしょう。

一方で、事業インパクトの高いリスク・機会においては、現状を深掘りする必要があります。また同業他社や異業種の情報を集め、課題となる項目の市場状況を認識して、自社での問題点把握をしておきましょう。

（2）リスク対応・機会獲得のための今後の対応策の検討

事業インパクトの大きいリスク・機会について、具体的な対応策を検討していくことになりますが、その際に注意すべきことは、シナリオから想定できる様々なリスク・機会において、最大限の対応までを考えることとなります（レジリエンス）。リスクは守りでもありながら、他方で機会に変えることも可能であり、機会は攻めに転じることでリスクを最小化させることも可能です。それゆえに、担当部署は経営企画的なセクションだけでなく、営業・マーケティングや技術や研究開発、また購買まで広範囲に及ぶことでしょう。まずは、対応策リストから大筋の方向性をつけることを目指してください。

（3）社内体制の構築と具体的アクション、シナリオ分析の進め方の検討

対応策を推進するための社内体制も明確化する必要があります。課題が見つかっても役割と計画が無ければ成果も小さいものとなってしまうことでしょう。また役割があっても責任が無いものや、計画があっても管理されなければ結果の段階で反省点しか出なくなってしまいます。

既に設定された委員会組織の役割、また各課題に対する担当部署の役割や責任も明確にしていく必要があります。特に具体的アクションでは、第４章「ポテンシャル把握」、第６章「脱炭素施策の実行」を参考にしていただき、計画に盛り込んでほしいと思います。

シナリオ分析には継続が必要となっていきます。その流れと役割も明確にしたうえで、経営計画の修正やアクションプランの修正も必要にな

ることもあります。脱炭素経営として取り組んでいるからには、体制の再構築があっても、それはガバナンスとしても重要なことであり、むしろ経営目標達成のためとの信念が必要にもなってくるでしょう。

6 ロードマップ

既にこれまでの通り、経営計画と脱炭素経営計画が結合されている必要があります。これまでのシナリオ分析や対応策等多くの情報が、脱炭素経営計画として経営の中核に位置することで動き出す準備ができたと言えるでしょう。しかし最も必要なことは、計画に魂を入れることです。その魂が、社員全員の意識と気持ちです。「社長だけ」「経営層だけ」「書面的なものだけ」「何か、上の方でやっている」「流行りだから」という意識に現場サイドがなることが、上手くいかない時の姿です。社内での説明もされていて理解している何割かの社員がいても、情報や任されている内容も点になってしまいがちです。重要で重大なことがわかっていても、やはり自らの毎日にとっては遠いことで、今日の仕事と明日の仕事が最も重要になってしまうのです。脱炭素経営計画があっても、それは経営上の設計図であり、社内での意志統一のツールではありません。わかりやすく簡潔に、点ではなく線で可視化させること、それがロードマップです。

ロードマップは、2050年カーボンニュートラルの実現に向けた取り組みと工程を、気候関連財務情報開示タスクフォース（TCFD）におけるシナリオ分析や、外部環境・内部環境の分析等を基に策定していきます。

フォームにこだわることはありませんが、内容に盛り込んでいただきたいことは以下となります。

①BESTとGOODと通常の３パターンについて外部環境を含めたロードマップ

②2050年2030年を盛り込んだ売上と利益計画にCO_2排出量を明示
③ガバナンス、戦略、リスク管理、指標と目標についての取り組み（対応策）を可視化
④部門別取り組みに③の内容を可視化（場合によっては商品やサービスごと）
⑤組織計画を盛り込む

表5-13もフォームの一例として参考にしていただければと思います。全ての事業活動を統合した全体版となりますが、事業別に別シートを作成していき、場合によっては商品やサービスまで追求していくこともあ

表5-13　ロードマップ雛形例

2050年CN ZEROに向けた「脱炭素経営計画」BEST

		○○年	・・・	・・・	2030年	2050年
外部環境	世界の脱炭素					
	業界					
	顧客					
	競合					
業績関連	売上					
	原価					
	営業利益					
	原価率					
	営業利益率					
CO_2排出量	Scope1					
	Scope2					
	Scope3					
取組	ガバナンス					
	戦略戦略					
	リスク管理リスク管理					
	指標と目標					
取組	○○事業					
	△△事業					
	・・・					
組織						
新規事業						

＊業績関連の事業別は別紙

出所）（株）船井総合研究所作成

るかもしれません。大切なことは、社員の一人でも多くの人が脱炭素への取り組みを自分事として捉えられる表となっていることです。その為には、自らの業務での取組が点となっているものを線にさせる可視化が必要となっていきます。決して見栄えに拘るのではなく、従業員にとってのわかりやすさを前提にして、ロードマップを作成してください。

第6章

脱炭素施策の実行

1　削減施策の実行

第５章では、「脱炭素経営ロードマップの策定」の考え方と具体的な策定方法についてご紹介しました。第６章では、策定した脱炭素経営ロードマップをどのように実行していくべきかについてご紹介していきます。前半では、削減施策の実行をどのように進めていくべきか、後半では「脱炭素をどのようにビジネスチャンスに変えていくのか（GX）」について、ご紹介していきます。

第５章にて、委員会の立ち上げと担う役割についてもご紹介しましたが、専門委員会では、中長期的な目標、年次目標、月次目標に対する推進状況を“常に可視化”し、チェックしていくことが非常に大切です。

また、削減施策の実行後は、効果検証を適切におこないます。「効果検証標準化レポート」を作成し、施策の整理と実行前後の比較、及び効果検証の成果をレポートとして整理していき、それをベースに委員会の中で議論を進めます。**このレポートの積み重ねが自社独自の削減事例やノウハウとして蓄積され、自社内での横展開や他事業所への横展開というように波及効果を生んでいきます。**また、このような削減施策の実行者に対するインセンティブをつけていくことで、削減施策に対する社内モチベーションを高めていく活動も有効でしょう。

図6-1　活動事例報告シート

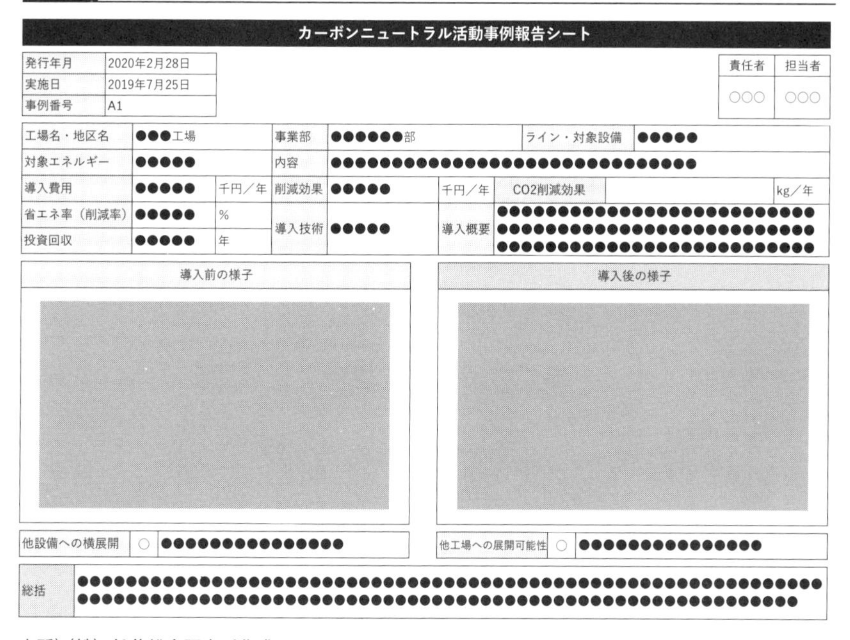

カーボンニュートラル活動事例報告シート

発行年月	2020年2月28日
実施日	2019年7月25日
事例番号	A1

責任者	担当者
○○○	○○○

工場名・地区名	●●●工場		事業部	●●●●●●部		ライン・対象設備	●●●●●
対象エネルギー	●●●●●		内容	●●●●●●●●●●●●●●●●●●●●●●●●●●●●●●●●			
導入費用	●●●●●	千円／年	削減効果	●●●●●	千円／年	CO2削減効果	kg／年
省エネ率（削減率）	●●●●●	%	導入技術	●●●●●	導入概要	●●	
投資回収	●●●●●	年					

導入前の様子	導入後の様子

他設備への横展開	○	●●●●●●●●●●●●●●●●	他工場への展開可能性	○	●●●●●●●●●●●●●●●●

総括	●●

出所）（株）船井総合研究所作成

2 補助金の活用

経産省·環境省を中心として、脱炭素経営の推進に活用できる補助金が非常に充実しています。削減施策によっては補助金制度もありますので、活用していきましょう。

(1) 省エネルギー・需要構造転換支援事業費補助金（いわゆる省エネ補助金）

数年前までは、「エネルギー使用合理化等事業者支援事業」という名称で10年近く公募され、その後継にあたる「先進的省エネルギー投資促進支援事業費補助金」という名称で令和４年は公募されていました。さらにその後継にあたるものだと思われます。最も代表的な省エネ補助金に該当し、非常に活用しやすいことが特徴です。

(A) 先進事業、(B) オーダーメイド事業、(C) 指定設備導入事業、(D) エネルギー需要最適化対策事業の４つの事業となります（**表6-1**）。現時点でそれぞれ図にあるような補助率と上限額で概算要求が公開されております。補助対象事業者としては、中小企業はもちろんのこと、医療法人や社会福祉法人などの法人企業や大手企業も事業者クラス分け評価制度でS,Aクラスに指定されている企業に関しては、補助対象となります。

今年公募された「先進的省エネルギー投資促進支援事業費補助金」の内容とこれまでの傾向を踏まえ、(A)、(B) については、補助率や補助対象経費の範囲が魅力的である一方で、補助要件が厳しく、中堅·中小企業にとっては、ハードルが高く手を出しづらいことが予想されます。

表6-1　令和4年度 先進的省エネルギー投資促進支援事業の公募概要

事業の区分け	(A) 先進事業	(B) オーダーメイド型事業	(C) 指定設備導入事業	(D) エネマネ事業
概要	SIIがHP上で先進設備・システムとして公表した補助対象設備	機械設計を伴う設備はまたは事業者の使用目的に合わせて設計・製造する設備等へ更新	SIIがあらかじめ定めたエネルギー消費効率の基準を満たしSIIが補助対象設備とした登録および公表した指定設備へ更新	SIIに登録されたエネマネ事業者と「エネルギー管理支援サービス」契約し、SIIに登録されたEMSを用いて、より効果的に省エネルギー化を計る
省エネルギーの要件	①省エネ率：30％以上 ②省エネ量：1,000kL以上 ③エネルギー原単位改善率：15%以上	①省エネ率：10％以上 ②省エネ量：700kL以上 ③エネルギー原単位改善率：7%以上	【ユーティリティ設備】 ①高効率空調、②業務用給湯器③高性能ボイラ、④高効率コージェネ、⑤低炭素工業炉、⑥変圧器、⑦冷凍冷蔵設備、⑧産業用モータ、⑨調光制御設備 【生産設備】 ⑩工作機械、⑪プラスチック加工機械、⑫プレス機械、⑬印刷機械、⑭ダイカストマシン	「EMS制御効果と省エネ診断等による運用改善効果」により、原油換算ベースで省エネルギー率2％以上を満たす事業
補助率	・中小企業等10／10以内 ・大企業等3／4以内	・中小企業等10／10以内 ・大企業等3／4以内	設備種別・性能(能力毎)に設定する定額補助	・中小企業等1／2以内 ・大企業等1／3以内
補助対象経費	設備費	設備費	設備費	設計費・設備費・工事費
支給限度額（上限・下限）	・上限額：15億円／年度 ・下限額：事業実施年数×100万円	・上限額：15億円／年度 ・下限額：事業実施年数×100万円	・上限額：1億円／年度 ・下限額：20万円／事業全体	・上限額：1億円／年度 ・下限額：100万円／事業全体

出所）一般社団法人環境共創イニシアチブ HP「令和4年度 先進的省エネルギー投資促進支援事業」より（株）船井総合研究所作成

思い切った設備投資や改修を予定している企業は狙っても良いですが、通常は（C）、（D）を狙うことをおすすめいたします。特に（C）については、今年の公募内容と同様であれば、補助対象設備の型番一覧がWEBサイト上に公開され、その中から設備投資する機種を選択できます。また、下限額も20万円と安価な設備投資から対象となるため、非常に使いやすい補助金です。令和４年の補助金採択結果は**表6-2**となりますが、全体的な採択率は52％弱となります。**弊社がこれまで数多くの補**

表6-2　令和4年度 先進的省エネルギー投資促進支援事業の採択結果

	申請件数	採択件数	採択率(%)	採択金額合計(億円)	計画省エネ量(kl)	平均省エネ率(%)	平均省エネ量(kl)	平均経費当たり省エネ量(kl/千万円)	使いやすさ
(A)先進事業 (B)オーダーメイド型事業 (D)エネマネ事業	119	66	56	33.8	94,619.7	20	1,433.6	11.7	△
(C)指定設備導入事業	1,594	828	52	53.8	15,738.5	41	19	16.6	0
計	1,713	894	52	87.6	110,358.2	―	―	―	

出所）一般社団法人環境共創イニシアチブ「HP 令和4年度 先進的省エネルギー投資促進支援事業」より（株）船井総合研究所作成

助金案件を携わってきた中で採択率を少しでも上げるポイントは、直近の採択案件の平均を上回る設備投資を検討することでしょう。

（2）民間企業等による再エネ主力化・レジリエンス強化促進事業のうち、ストレージパリティの達成に向けた太陽光発電設備等の価格低減促進事業（いわゆるストレージパリティ補助金）

本事業は、初期投資ゼロでの自家消費型太陽光や蓄電池の導入支援を通じて、価格低減を促進しながらストレージパリティを達成し、日本国内の再エネの最大限導入と防災性の強化を図るという意図の事業となります。「**ストレージパリティ**」とは、蓄電池を導入しないより、導入する方が経済的なメリットを受けられる状態を指します。未だ高価な蓄電池の普及を目指すという政策的意図が汲み取れる補助事業となります。

本補助事業は、再エネ設備となる自家消費型太陽光や蓄電池の導入で活用できる補助金として広く知られています（**表6-3**）。**自家消費型太陽光発電は、通常数千万円の設備投資となるため、本事業を活用することで初期投資額を抑えることが可能です。**また、PPAやリースを使用

表6-3　ストレージパリティの達成に向けた太陽光発電設備等の価格低減促進事業の公募概要

項目	内容
補助対象設備	自家消費型太陽光発電設備、蓄電池設備（産業用・家庭用）
補助対象事業者	民間企業、学校法人、社会福祉法人、医療法人など
補助要件	＜太陽光発電設備＞ ・平時において導入施設で自家消費することを目的に、適正な導入規模である ・過積載率100％以上 ・発電電力量の計測機器を導入し、CO_2削減量の実績値を正確に把握する ・停電時にも外部電源なしで発電を再開できる機能付（自立運転）のパワコンを導入し、停電時に対象施設で必要な電力を供給できる ・定置用蓄電池を導入する場合は、停電時に必要な電力を供給できる ・FITやFIPでない ・太陽光発電出力が10kW以上 ＜蓄電池設備＞ ・蓄電池は太陽光発電設備によって発電した電気を優先的に蓄電するものである ・平時において充放電を繰り返すことを前提とした設備である ・夜間などに放電した蓄電池の電力を新たに太陽光発電設備の発電電力で日中に充電できる ・業務・産業用→4,800Ah・セル以上、家庭用→4,800Ah・セル未満など
補助対象経費	設備費＋工事費
補助率	・太陽光発電設備定額：定額(4万円/kW)・定置用蓄電池：定額（家庭用5.2万円・産業用6.3万円/kWh)など

出所）一般社団法人 環境イノベーション情報機構WEBサイトより（株）船井総合研究所作成

することも可能で、その場合はPPA事業者やリース会社に対する補助支給となります。車載型蓄電池（EV・PHV）や充放電設備（V2H）も太陽光発電設備と同時に導入する場合は、補助要件の対象となります(後述する「クリーンエネルギー自動車・インフラ導入促進補助金」と同一設備での活用においては併用不可)。昨今は、自家消費型太陽光のみでの申請も可能ですが、蓄電池を導入する申請内容の方が優先的に採択される傾向にあります。審査上の加点項目として、「設備導入によるCO_2削減量」「費用効率性（1t-CO_2削減あたりのコスト)」や脱炭素経営への取り組みとした「RE100・REAction・SBT・TCFDへの参加・認定・賛同」が掲示されています。

(3) クリーンエネルギー自動車・インフラ導入促進補助金・クリーンエネルギー自動車導入事業・電気自動車・プラグインハイブリッド車・燃料電池自動車等の導入補助事業（いわゆるCEV補助金）

国内のCO_2排出量の約２割を占めている運輸部門のCO_2削減のため、クリーンエネルギー自動車の普及のため公募されている補助事業です(**表6-4**)。EVをはじめとしたクリーンエネルギー自動車は、安全性を向上させる高度な機能や、災害時に非常用電源としても活用できる機能

表6-4　CEV補助金の公募概要

項目	EV（軽 EV、超小型モビリティ含む）、PHV、FCV	高度な安全運転支援技術を備えた車両への追加補助分	電動二輪、クリーンディーゼル、ミニカー
補助対象者	対象車を購入する個人、法人、地方公共団体等		
災害時等における協力	地域で災害等が生じた場合、可能な範囲で給電活動等に協力する可能性あり		
補助対象車両	経産省公開の「補助対象車両・補助額の一覧」をご参照		
補助上限額	・電気自動車（軽自動車を除く）：上限65万円 ・軽電気自動車：上限45万円 ・プラグインハイブリッド車：上限45万円 ・燃料電池自動車：上限230万円 ・超小型モビリティ：定額25万円（個人）定額35万円（サービスユース） ※条件AまたはBを満たす車両の場合は、補助上限額が上乗せ A. 車載コンセント（1500W/AC100V）から電力を取り出せる給電機能がある車両 B. 外部給電器やV2H 充放電設備を経由して電力を取り出すことができる車両 ・電気自動車（軽自動車を除く）：上限85万円 ・軽電気自動車：上限55万円 ・プラグインハイブリッド車：上限55万円 ・燃料電池自動車：上限255万円 ・超小型モビリティ：定額35万円（個人）定額45万円（サービスユース）	①高精度な位置特定技術および ②OTAによって運転自動化システムの安全性確保に資するアップデートができる機能を持つ場合は7万円、さらに、 ③路車間・車車間通信機能を持つ場合には＋3万円の補助	・電動二輪：上限6万円（一種）、上限12万円（二種） ・クリーンディーゼル（2020年度基準達成かつ2030年度基準60%達成車のみ）：上限15万円 ・ミニカー：外部給電機能無しの場合、定額20万円（個人）、定額30万円（サービスユース） 外部給電機能ありの場合、定額30万円（個人）、定額40万円（サービスユース）

出所）一般社団法人 次世代自動車振興センターWEBサイトより（株）船井総合研究所作成

を有しており、社会全体のレジリエンス等向上にも重要です。2025年度までの事業を予定しており、「グリーン成長戦略」等における、2035年までに新車販売に占める乗用車を電動車100%とする目標の実現に向けて推進しています。**補助対象者としては、対象車両を購入する個人、法人が利用できます。**また、対象車両や補助金交付額も「補助対象車両・補助額の一覧」として公開されていますので、購入検討の際はこちらの資料をご参考にされると良いでしょう。

（４）クリーンエネルギー自動車・インフラ導入促進補助金・クリーンエネルギー自動車導入事業・充電インフラ整備事業（いわゆる充電インフラ補助金）

車両の電動化の普及にともない、充電インフラについても2030年までに15万基を設置することを目標に全国での整備を拡大するための補助事業が公募されています。2022年度は、昨年度補助金実績の６倍以上となる65億円の予算を盛り込み、充電インフラの補助が拡大しています。**原則個人宅以外のすべてのエリアが対象となるため、高速道路・道の駅・公道・商業施設・宿泊施設・マンション・事業所などさまざま場所で活用可能です（図6-2）。**主に普通充電と急速充電の２種類がありますが、違いは充電時間の差となります。設置場所や用途により選定しますが、急速

図6-2　普通充電器と急速充電器の設置イメージ

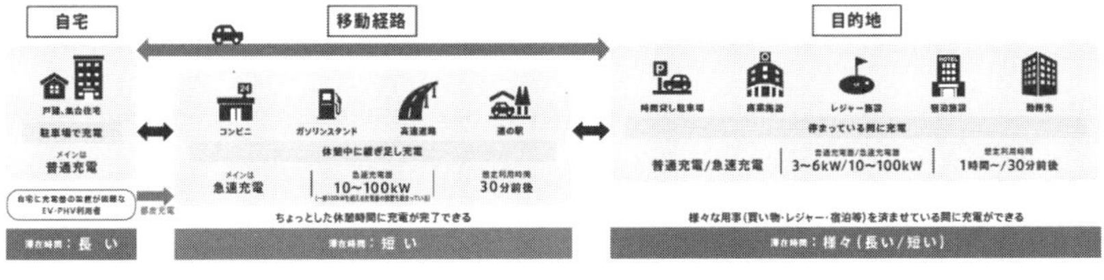

出所）一般社団法人 次世代自動車振興センターWEBサイトより

表6-5　充電インフラ補助金の補助率

分類		高速道路・道の駅・公道等		商業・宿泊施設・マンション・事業所駐車場	
		補助率	補助上限額	補助率	補助上限額
急速充電	機器費用	100%	2口まで：120 ～ 500万円 3口以上：250万円×口数	50%	2口まで：60 ～ 250万円 3口以上：125万円×口数
	工事費用	100%	216 ～ 280万円 (高速道路の場合3,500万円)	100%	108万円～ 140万円
普通充電	機器費用	50%	7 ～ 35万円	50%	7 ～ 35万円
	工事費用	100%	95 ～ 135万円	100%	95 ～ 135万円

出所）一般社団法人 次世代自動車振興センターWEBサイトより（株）船井総合研究所作成

充電の方が機器費用と工事費用は高くなります。

令和３年から４年にかけて工事費の上限額の引き上げ、高い補助率となり、非常に魅力的な内容になっております（**表6-5**）。補助対象の充電インフラ設備は、「補助対象充電設備型式一覧表」にて、公開されておりますので、設置検討する際にはご検討ください。

このほかにも経産省･環境省･国交省から公募されている補助金はありますが、本書では代表的な補助金のみご紹介しました。活用できる脱炭素経営の推進で活用できる補助事業を**表6-6**に一覧としてまとめておりますので、ご参照ください。あくまでも2022年９月段階の内容にて掲載しており、2023年の公募情報とは異なる可能性がありますので、詳細は各省庁および執行団体のWEBサイトを必ずご確認ください。

表6-6　補助金別 活用用途一覧表

補助事業名	管轄省庁	対象建物				再エネ		省エネ						EV・充電		補助対象経費
		製造業・工場	物流・運輸業	社会福祉法人医療法人	その他法人	自家消費型太陽光	蓄電池	空調設備	ボイラ・給湯設備	冷凍冷蔵設備	照明設備	生産設備	躯体改修	EV	充電インフラ	
省エネルギー・需要構造転換支援事業費補助金（指定設備導入事業）	経産省	○	○	○	○	×	×	○	○	○	△ ※調光機能付	○	×	×	×	設備費
新築建築物のZEB化支援事業 既存建築物のZEB化支援事業	環境省	×	○	○	○	×	×	○	○	×	×	×	○	×	×	設備費・工事費
民間建築物等における 省CO_2改修支援事業	環境省	×	○	○	○	×	×	○	○	×	×	×	×	×	×	設備費・工事費
工場・事業場における先導的な脱炭素化取組推進事業（SHIFT事業）	環境省	○	○	○	○	×	×	○	○	○	×	○	×	×	×	設備費・工事費
既存建築物省エネ化推進事業	国交省	×	○	○	○	×	×	○	○	×	○	×	○	×	×	設備費・工事費
コールドチェーンを支える冷凍冷蔵機器の脱フロン・脱炭素化推進事業	環境省	○ ※食品製造のみ	○ ※冷凍冷蔵倉庫のみ	×	○ ※食品小売店舗のみ	×	×	×	×	○	×	×	×	×	×	設備費・工事費
ストレージパリティの達成に向けた太陽光発電設備等の価格低減促進事業再生可能エネルギー事業者支援事業	環境省	×	×	×	×	○	○	×	×	×	×	×	×	○	○	設備費
建物における太陽光発電の新たな設置手法活用事業（ソーラーカーポート）	環境省	×	×	×	×	○	○	×	×	×	×	×	×	○	○	設備費
自立型ゼロエネルギー倉庫モデル促進事業	環境省	×	○	×	×	○	○	×	×	×	×	×	×	×	×	設備費
CEV補助金	経産省	○	○	○	○	×	×	×	×	×	×	×	×	○	×	設備費
充電インフラ補助金	経産省	○	○	○	○	×	×	×	×	×	×	×	×	×	○	設備費・工事費

出所）経産省·環境省·国交省の各補助金情報の掲載情報より（株）船井総合研究所作成

3 税制優遇の活用

脱炭素経営推進（CO_2削減施策の実行）により、設備投資をおこなう場合は、税制優遇を活用し、優遇により得た資金を新たな設備投資に活用していくといったことも可能です。ここでは、中小企業向けと企業の規模を問わない２種類の税制優遇制度をご紹介いたします。

（1）中小企業経営強化税制（表6-7）

中小企業の「攻めの設備投資」による企業力の強化や生産性向上を後押しする制度で、**経営力向上のための設備投資などの取り組みを記載した「経営力向上計画」を事業所管大臣に申請し、認定されることにより**

表6-7　中小企業経営強化税制の概要

類型	生産性向上設備（A類型）	収益力強化設備（B類型）
要件	①経営強化法の認定 ②生産性向上が旧モデル比年平均1％以上改善する設備	①経営強化法の認定 ②投資収益率が年平均5％以上の投資計画に係る設備
税制措置	<A類型・B類型に該当するものを取得等した場合> ①資本金3,000万円以下の法人等及び個人事業者 →　即時償却または10％の税額控除 ②資本金3,000万円超　1億円以下の法人 →　即時償却または7％の税額控除	
対象設備（取得価額／販売時期）	・機械・装置（160万円以上／10年以内） ・測定工具及び検査工具（30万円以上／5年以内） ・器具・備品（30万円以上／6年以内） ・建物附属設備（60万円以上／14年以内） ・ソフトウェア（70万円以上／5年以内）	・機械・装置（160万円以上） ・工具（30万円以上） ・器具・備品（30万円以上） ・建物附属設備（60万円以上） ・ソフトウェア（70万円以上）
確認者	工業回答	経済産業局
その他要件	生産等設備を構成するものであること（事業活用する設備）/国内への投資であること/中古資産・貸付資産でないこと等	

出所）中小企業庁WEBサイトより（株）船井総合研究所作成

受けることができます。筆者の経験としては、A類型を活用されている企業が多い印象です。具体的な設備としては、自家消費型太陽光発電設備、蓄電池設備、空調設備、LED照明等で活用されています（詳細は専門の税理士事務所や会計事務所にご相談ください）。令和５年３月31日までに取得して使用された設備が対象となりますが、令和５年度概算要求では「中小企業経営強化税制の見直し･延長」についての記載もあります。内容が変更になる可能性もありますが、設備投資の際は、活用できると良いでしょう。

（2）カーボンニュートラルに向けた投資促進税制（表6-8）

産業競争力強化法では、産業競争力の強化に関する施策として産業活動における新陳代謝の活性化を促進するための措置を講ずることとしており、その一環として事業適応の円滑化を図ることとされています。産業競争力強化法において、事業再構築やデジタルトランスフォーメーション、カーボンニュートラルの実現に向けた取り組みを「事業適応」として定義し、これに果敢にチャレンジする事業者に対して、必要な支援措置を講じ、産業競争力の強化を図るとされています。同法において定義される「事業適応」は３つに類型されており（１．成長発展事業適応、２．情報技術事業適応、３．エネルギー利用環境負荷低減事業適応）、このうち「３．エネルギー利用環境負荷低減事業適応」にかかる税制措置が、カーボンニュートラルに向けた投資促進税制（CN税制）となります。カーボンニュートラルに向けた投資促進税制を活用することで、①大きな脱炭素化効果を持つ製品の生産設備導入、②生産工程等の脱炭素化と付加価値向上を両立する設備の導入に対して、最大10％の税額控除または50％の特別償却の措置を受けることができます。すでに活用事例を経産省が認定事例として公開しておりますが、②については活用範囲が大きく、中小企業や中堅企業、大手企業であっても活用可能なことは非常に魅力的でしょう。認定事例の中には、自家消費型太陽光発電の導入、蒸気ボイラ、LED照明、空調設備、コンプレッサの更新等でも認定されているケースがありますので、認定事例をご参考いただき、ご活用を検討ください。

表6-8　カーボンニュートラル投資促進税制の概要

	①大きな脱炭素化効果を持つ製品の生産設備の導入	②生産工程等の脱炭素化と付加価値向上を両立する設備導入
対象	温室効果ガス削減効果が大きく、新たな需要の拡大に寄与することが見込まれる製品の生産にもっぱら使用される設備（対象設備は機械装置）	事業所等の炭素生産性（付加価値額／エネルギー起源CO_2排出量）を相当程度向上させる計画に必要となる設備（対象設備は機械装置、器具備品、建物附属設備、構築物）導入により事業所の炭素生産性が1%以上向上
措置内容	税額控除10%または特別償却50%	〈炭素生産性の相当程度の向上と措置内容〉 ・3年以内に10%以上向上：税額控除10%または特別償却50% ・3年以内に7%以上向上：税額控除5%または特別償却50%
適用期間	令和6年3月31日まで	

■炭素生産性の比較方法

$$炭素生産性 = \frac{付加価値額}{エネルギー起源二酸化炭素排出量}$$

※付加価値額＝営業利益＋人件費＋減価償却費

$$\frac{目標年度の炭素生産性 - 基準年度の炭素生産性}{基準年度の炭素生産性} \times 100$$

※目標年度：事業適応計画の開始後3年以内に設定した年度
※基準年度：原則、事業適応計画の開始の直前の事業年度

出所）経済産業省「産業競争力強化法における事業適応計画について」より（株）船井総合研究所作成

CO_2排出量の絶対評価と相対評価

CO_2排出量の削減評価には、大きく分けて絶対評価と相対評価の２種類があります。絶対評価の考え方は、自社CO_2排出量の削減目標に対する削減量の実績値をベースにした達成度となります。要するにCO_2排出量を総量ベースで減らせているかどうかという評価です。一方で、相対評価とは、総量の増減の評価ではなく、経営上において重要なモノサシおよび因果関係にある内容と比較した上での評価となります、例えば、売上あたりのCO_2排出量（カーボンインテンシティ）、CO_2排出量あたりの付加価値額(炭素生産性)、製品やサービス原単位あたりのCO_2排出量、自社のROC（炭素利益率＝営業利益をCO_2排出量で割った数字）を同業界の他社と比較する手法があります。

絶対評価では、当然削減目標として設定した数値に対する達成度を進捗管理していきますが、新規事業所の開設、取引先からの発注量の増加による生産数アップによる機械の稼働時間の増加や生産設備の増設という事象が発生した場合に、どうしても絶対評価（総量ベース）では、排出量が上がってしまう傾向にあります。その際の有効手段となるのが、相対評価となります。カーボンインテンシティでは、売上百万円あたりのCO_2排出量を算定していき、減少しているのかどうかを見ていきます。

カーボンインテンシティは、同業界の上場企業が開示しているケースがありますので、他社比較をおこない自社の位置づけを把握すると良いでしょう。CO_2排出量あたりの炭素生産性の考え方は、カーボンニュートラルに向けた投資促進税制においても活用されており、「付加価値額

＝営業利益＋人件費＋減価償却費」として、CO_2排出量あたりの付加価値額を求め、増加しているかどうかを見ていきます。製品やサービス原単位あたりのCO_2排出量は、主に製造業で活用しますが、原単位あたりのCO_2排出量を算出することで、生産量の増減を問わないCO_2排出量の状況を見ることができます。ROC（炭素利益率＝営業利益をCO_2排出量で割った数字）は、いかに環境負荷を抑えつつ、効率的に利益を上げられているかを示すものとなります。ROCもカーボンインテンシティ同様に、同業界の上場企業が開示しているケースがありますので、自社の位置づけを把握することが可能です。また、これからの指標は当然ながら単年度の評価ではなく、３年～５年にわたっての推移を把握し、評価することが大切です。

一部の大手企業からは、総量ベースの削減要請が強まっている状はあ

表6-9　CO_2排出量削減の絶対評価と相対評価

CO_2 排出量削減の評価手法		内容	評価上のポイント
絶対評価		・企業全体あるいは事業所単位、サービス単位での総量の増減を過去3年～5年にわたって評価	・増量ベースで毎年●%削減できているかどうか
相対評価	売上あたりのCO_2排出量（カーボンインテンシティ）	・「売上百万円あたりのCO_2排出量」で算定 ・同業界の上場企業と比較	・減少しているかどうか ・同業界他社と比較して高いか低いか
	CO_2排出量あたりの付加価値額（炭素生産性）	・「付加価値額／CO_2排出量」で算定 ・炭素生産性が落ちていると、排出量に対する事業成績が良くない状況にあるということを指す	・炭素生産性を●%向上できているかどうか
	製品やサービス原単位あたりのCO_2排出量	・製品1(個,t,kg等)あたりのCO_2排出量を算定 ・生産量の増減にかかわらず評価できる	・減少しているかどうか
	ROC（炭素利益率）	・「営業利益(百万円)／CO_2排出量」で算定 ・同業界の上場企業と比較	・増加しているかどうか ・同業界他社と比較して高いか低いか

出所）（株）船井総合研究所作成

りますが、弊社としては、絶対評価と相対評価の２種類の視点から、自社の脱炭素経営推進を進めるべきだと感じています。ただし、相対評価だけを指標として捉えてしまうと、総量ベースの削減に対する活動が疎かになる場合がありますので、委員会活動では両方の視点から傾向を追っていくことが重要です（表6-9）。

5 自社製品・サービスの脱炭素化および低炭素化の訴求

第３章「温室効果ガス排出量の可視化」にてご紹介した「カーボンフットプリント」は、特に下流の取引先や消費者に対する訴求として有効です。改めてのご紹介となりますが、**「カーボンフットプリント」とは、製品やサービスの原材料調達から製造加工、輸送、消費使用、廃棄・リサイクルに至るまでのライフサイクル全体を通して排出される温室効果ガス排出量をCO_2に換算し、製品やサービスにわかりやすく表示する仕組みのことです。**ここまでご紹介した脱炭素経営に対する取り組みを推進することで、様々なライフサイクル上のプロセスにおけるCO_2排出量の削減にもつながっているはずです。それをわかりやすく表示していきましょう。その際は、自社製品のカーボンフットプリントと他社製品や業界平均値におけるカーボンフットプリントの比較が必要です。

まだカーボンフットプリントという取り組み事例はまだ多くないため、業界団体からの開示がなく、比較に苦労することもあるでしょう。しかし、ファーストペンギンという言葉もあるように、“いち早く開示”することが下流の取引先や消費者における安心材料につながり、購買促進につながっていく、先行者利益を享受できるということを理解しておけると良いでしょう。**特に昨今のミレニアル世代（1980年から1995年の間に生まれた世代）やZ世代（1996年から2015年の間に生まれた世代）というのは、非常に環境意識が高いと言われています。**SDGsに対する意識やサステナブル消費、エシカル消費といった購買活動も多いため、企業経営としてもこれらの世代に対する販売強化を戦略的に取り組んでいく必要があるでしょう。

図6-3　カーボンフットプリントのイメージ

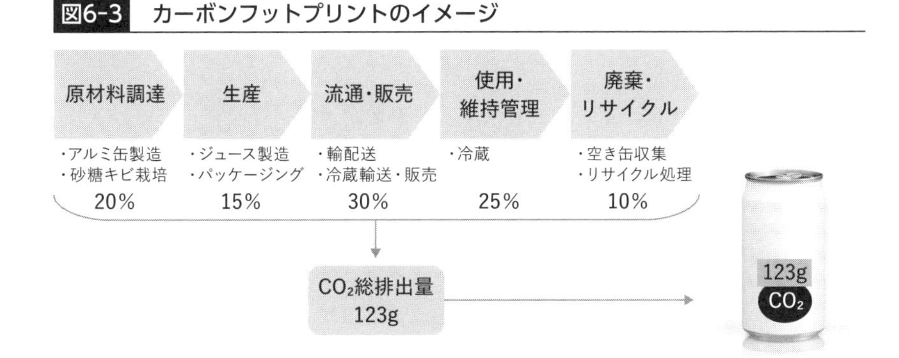

出所）環境省 カーボンフットプリントより（株）船井総合研究所作成

具体例は、第Ⅳ部にてご紹介いたしますが、横浜市に本社を構える大川印刷は、製品の脱炭素化を実現し、新規顧客開拓や新たな売上につながっている企業です。2019年に国内初のPPAで再エネ調達率20％、その後、顔の見える電力として青森県の風力発電を購入し、再エネ調達率100％を達成されました。また、自社排出量（Scope1～2）400t-CO_2のうち、自ら削減ができないCO_2を他の場所の排出削減・吸収量を購入し相殺（オフセット）し、2019年に脱炭素を達成されています。環境印刷として溶剤を使用しない印刷やさらには脱炭素を達成したことによる「CO_2ゼロ印刷」は、数多くの引き合いにつながっています。2021年には約100社近くとの新規取引があったそうです。このように、自社製品・サービスの脱炭素化および低炭素化の訴求をおこなっていくことは、自社のブランディングやマーケティング活動にも寄与し、自社の売上アップにもつながっていくことをご理解いただき、ぜひ進めてください。

図6-4　大川印刷が提供するCO_2ゼロ印刷

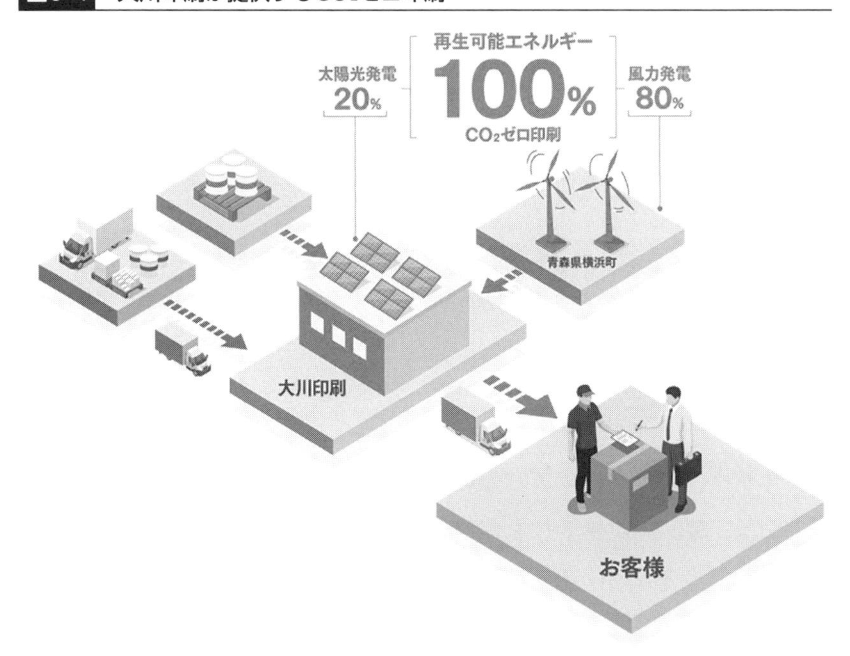

出所）株式会社大川印刷より提供

第７章

ステークホルダーへの情報開示

1 ステークホルダーへの情報開示

（1）脱炭素の取り組みは情報開示しなければならないのか？

統合報告書やサスティナブルレポートにESG報告書と、近年様々な環境関連を含んだ企業の報告書を目にする機会が多くなったと感じることが多いと思います。以前であれば、1990年代から拡がったCSR報告書や環境報告書が多かった印象が強いかもしれません。しかし世界的に見ていくと、1980年代より経済成長の裏側にある環境問題や貧富差拡大等の社会問題が経済への影響懸念にもなっていき、「持続可能な成長（サステナビリティ）」の考えが広まっていきました。そして第5章での世界の脱炭素変遷の通り、2002年のCDP等非財務情報開示の波が拡大を続けていきました。**社会的責任投資（SRI：Socially Responsible Investment）により運用上の投資基準として、財務的側面だけでなく企業として社会的責任（CSR：Corporate Social Responsibility）を果たしているかといった状況も考慮して投資対象が選ばれるようになっていったのです。**今後の世界市場から見ても、環境関連の規制は強まるとともに、気候変動による社会活動の変化や企業の事業活動への影響はさらに高まることが予想されます。金融の視点でも投融資において、過去情報となる財務情報だけでなく、将来志向となる経営の方向性やビジョンや戦略、組織体制の健全性となるガバナンスやリスクの非財務情報への情報についての関心が高まっていきました。それが世界においてもESG 情報の提供要請となり、EUのNFRD（非財務及び多様性情報の開示に関する改正指令）をはじめとした財務報告制度や、上場規則の非財務報告制度等の拡がりとなっております。

2013年の国際統合報告フレームワーク（IIRC）や、前章までのTCFDも然り、2016年GRI、2017年EUのNBGs、SASBと環境情報開示のフレームワークが公開及び展開がされていきます（**表7-1**）。

日本国内においても、2012年改訂以来の環境省が提示する環境報告ガイドラインが、国連が主導するSDGsやパリ協定など持続可能な社会への移行を促進する国際的枠組みが確立されていくことで、2018年に改訂されました。

経済産業省でも2014年に日本企業の事業収益性・資本生産性の低迷（持続的低収益性）や将来の企業価値を表す株価水準の持続的低迷を打破するために「伊藤レポート」を公表し、インベストメントチェーン全体を俯瞰し、企業の稼ぐ力を向上させ、持続的に企業価値を生み出し続けることの必要性を訴えました。そして企業が競争優位やイノベーションの源泉となる人材・知的財産・ブランド等の無形資産に投資することの重要性や、投資家が非財務情報をベースとしたESG投資を積極的に推し進めていくことの重要性こそ企業価値向上となるとして、投資家との対話を通じて「価値協創」を加速のための共通言語となる、「価値協創ガイダンス」が策定されました。同省では2020年、外部環境の変化に対応しながら企業が長期的かつ持続的に企業価値を向上させることを目的として、社会のサステナビリティ（持続可能な社会に対する要請への対応）と企業のサステナビリティ（企業が長期的かつ持続的に成長原資を生み出す力（稼ぐ力）の維持・強化）を同期化し、投資家との建設的な対話により価値創造ストーリーを磨き上げ、企業経営のレジリエンスを高めていく「**サステナビリティ・トランスフォーメーション（SX）**」を提唱します。そして、そのSX実現に向けた「伊藤レポート3.0」が2022年８月に公表されました。SXを「社会のサステナビリティと企業

表7-1　主要な環境情報開示のフレームワーク

フレームワーク名称	発行体	公表年	主な想定利用者	基準の粒度	情報分野
CDP気候変動質問	CDP	2002以降	投資家	原則主義	・ガバナンス ・気候
国際統合報告フレームワーク	国際統合報告評議会（IIRC）	2013	投資家	原則主義	・経営戦略 ・ガバナンス
気候関連財務情報開示タスクフォースによる提言	気候関連財務情報開示タスクフォース（TCFD）	2016	投資家	原則主義	・気候
GRIスタンダード（基準）	Global Reporting Initiative(GRI)	2016	マルチステークホルダー	細則主義	・経営戦略 ・ガバナンス ・気候 ・人的資本

<table>
<tr><th>概要</th><th>開示内容・
評価項目・
開示項目</th><th colspan="2"></th></tr>
<tr><td rowspan="3">・企業に気候変動に関する質問書を送付し、回答を評価して企業のスコア（評価レベル）を主に機関投資家向けに開示
・評価レベルにはリーダーシップレベル、マネジメントレベル、認識レベル、情報開示レベルがある

・2002年よりCDPが、毎年上場企業を主な対象として、気候変動関連情報の開示を求めるために送付する質問書
・質問書への回答は、スコアリングされその評価レベル（リーダーシップレベル、マネジメントレベル、認識レベル、情報開示レベル）が公表される。
・最も高いA（リーダーシップレベル）を取得した企業は「Aリスト」に分類される・2002年よりCDPが、毎年上場企業を主な対象として、気候変動関連情報の開示を求めるために送付する質問書</td><td>マネジメント</td><td colspan="2">ガバナンス
戦略
排出削減目標及び活動
コミュニケーションガバナンス</td></tr>
<tr><td>リスクと機会</td><td colspan="2">・気候変動リスク
・気候変動機会</td></tr>
<tr><td>排出量</td><td colspan="2">・排出量算定方法
・排出量データ
・スコープ1排出量内訳
・スコープ2排出量内訳
・エネルギー
・排出実績
・排出量取引
・スコープ3排出量</td></tr>
<tr><td rowspan="3">・組織の長期的価値創造のあり方を投資家に説明する統合報告に関する基礎概念、指導原則、内容要素等を提供
・2013年、国際統合報告評議会（IIRC）が企業報告の次なる発展段階として、価値創造についてのコミュニケーションの将来に向けた基盤を築くことを目的に開発
・統合報告の主たる目的は、投資家に組織の長期的価値創造を説明すること
・統合報告の全般的な内容を統括する指導原則及び内容要素を規定し、それらの基礎となる概念を説明</td><td>基礎概念基礎概念</td><td colspan="2">・組織に対する価値創造と他者に対する価値創造
・資本
・価値創造プロセス</td></tr>
<tr><td>指導原則（報告書の内容及び情報の開示方法に関する情報を提供）</td><td>・戦略的焦点と将来志向
・情報の結合性
・ステークホルダーとの関係性</td><td>・重要性
・簡潔性
・信頼性と完全性
・首尾一貫性と比較可能性・重要性</td></tr>
<tr><td>内容要素（統合報告書の8つの内容要素で、本来的に相互関連するもの）</td><td>・組織概要と外部環境
・ガバナンス
・ビジネスモデル
・リスクと機会</td><td>・戦略と資源配分
・実績
・見通し
・作成と表示の基礎</td></tr>
<tr><td rowspan="4">・企業が、財務報告において気候変動情報を開示するための提言
・全セクター共通の中核的要素のほか、セクター別のガイドラインもあり

・2017年6月、気候関連財務情報開示タスクフォース（TCFD）より金融安定理事会（FSB）に報告された、気候関連財務情報開示を行う企業を支援するための提言。
・2017年7月にはFSBからG20首脳へ報告され、G20ハンブルグ行動計画に反映された。
・提言の主な特徴
　・全ての組織が採用可能
　・財務報告に含まれる
　・財務的影響に関してフォワードルッキングな情報を提供する
　・低炭素型の経済への移行に関連したリスク及び機会に強い重点をおく</td><td>ガバナンス（Governance）</td><td colspan="2">気候変動関連のリスクと機会に係る当該組織のガバナンス</td></tr>
<tr><td>戦略（Strategy）</td><td colspan="2">気候変動関連のリスクと機会がもたらす当該組織の事業、戦略、財務計画への現在及び潜在的な影響</td></tr>
<tr><td>リスク管理（Risk Management）</td><td colspan="2">気候変動関連リスクについて、当該組織がどのように識別、評価、及び管理しているか</td></tr>
<tr><td>指標と目標（Metrics and Targets）</td><td colspan="2">気候変動関連のリスクと機会を評価及び管理する際に用いる指標と目標</td></tr>
<tr><td>・組織が経済・環境・社会に与えるインパクトについて報告する際の開示事項等を提供
・共通と項目別（マテリアルと特定項目のみ）スタンダードが選択できる</td><td>共通スタンダード</td><td colspan="2">GRI 101（基礎）
GRI 102（一般開示事項）
GRI 103（マネジメント手法）</td></tr>
<tr><td>・2016年、国際NGOグローバル・レポーティング・イニシアティブが策定した国際スタンダード（従来のガイドラインをスタンダードへと基準化）
・報告組織が経済、環境、社会に与えるインパクトについて報告を行うことを推奨する。
・報告組織が、経済・社会・環境に与える著しいインパクトを反映している項目、または、ステークホルダーの評価や意思決定に対して実質的な影響を及ぼす項目を報告対象とする。</td><td>項目別スタンダード</td><td colspan="2">GRI 201-206（経済項目）
GRI 301-308（環境項目）
GRI 401-419（社会項目）</td></tr>
</table>

表7-1　主要な環境情報開示のフレームワーク（つづき）

フレームワーク名称	発行体	公表年	主な想定利用者	基準の粒度	情報分野
非財務報告ガイドライン（NBGs：Non-Binding Guidelines）	欧州委員会	2017		原則主義	・気候
SASBスタンダード（基準）	米国サステナビリティ会計基準審議会(SASB)	2018以降	投資家	細則主義	・経営戦略 ・ガバナンス ・気候 ・人的資本

出所）環境省「主な環境情報開示のフレームワーク等」
平成29年度環境報告等ガイドライン改定に関する検討会第1回資料4をもとに（株）船井総合研究所作成

のサステナビリティを『同期化』させるために必要な経営・事業変革（トランスフォーメーション）」と再整理し、長期経営のあり方への対話と磨き上げからSX実践の重要性が説かれています。

世界、そして日本においても共通するものは、ステークホルダーへの正しい情報開示です。各報告書の役割（**表7-2**）の通り、対象とするターゲットに対して企業価値を伝えるツールとなっています。企業活動には必ず顧客が存在しており、その顧客に受け入れられる社会的価値、また持続可能性を自社が本当に持てているのかを自社視点だけでなく、適正

概要	開示内容・評価項目・開示項目	
・2014年　非財務及び多様性情報の開示に関する改正指令(NFRD: NonfinancialReporting Directive) 公表により、改正会計法指令に基づく非財務情報の報告に係る方法論を示したガイドライン ・環境・社会情報開示の主要原則、開示内容、報告枠組み等を提供 ・欧州連合(EU)が2014年に制定した改正会計法指令により行われる、非財務情報の開示を補足するガイドラインとして2017年6月に採択 ・持続可能な開発のための2030アジェンダ（SDGs)」パリ協定及び気候関連財務情報開示タスクフォースによる提言をはじめとした最新の動向が反映 ・主要原則 　・マテリアルな情報を開示する 　・公平で偏りなく理解容易であること 　・包括的かつ端的であること 　・戦略的で将来見通しを示すものであること 　・ステークホルダー志向であること 　・首尾一貫性していること	・ビジネスモデル	組織が、長期的に製品やサービスを通じて企業価値をどのように創造し維持するかの仕組み
	・方針及びデュー・ディリジェンス	デュー・デリジェンスプロセスを含むそれらの課題に関連した組織の方針
	・成果	上記の方針の成果（KPIの推移を含む）
	・主要リスク及びその管理	組織に関係する課題に関連する主要なリスクとその管理
	・KPI	事業に関連するKPIと当該KPIを説明する記述情報
	・テーマ別側面	環境、社会・雇用問題、人権尊重、腐敗防止、その他（サプライチェーン、紛争鉱物）に関する情報
・米国証券取引委員会へ提出する義務のある年次報告書における情報開示のスタンダード ・11分野79業種別に、サステナビリティ開示トピックを提供 ・米国サステナビリティ会計基準審議会（SASB）が主体となり、2018年第1四半期における発行を目指している。 ・目的は、米国証券取引委員会（SEC）に提出する義務がある年次報告書（Form 10-K、Form 20-F）において有用なサステナビリティ指標を提案すること。 ・11のセクターごとに主要な開示項目を定めている。 ・SASBスタンダードの構成・内容 ・セクター:ヘルスケア再生可能資源·代替エネルギー、消費財I（飲食品)、金融、交通、消費財II（消費財)、情報通信、サービス、インフラ、資源転換、鉱物採掘 ・開示トピックの例：消費エネルギー、廃棄物重量等		

に判断してもらうことが求められています。それが各フレームワークであり、一方向ではない「対話」型の視点でのツールとなっているのでしょう。

自社は社会に良いことをしているから、それで良いとするのではなく、本当に正しいことをしているのかを定量的・定性的に可視化することが重要です。

取り組みの工数やコストは、当然それなりに掛かると思いますが、投資家や顧客、社員等様々なステークホルダーへの発信は、間違いなく企

表7-2　報告書の種類

	統合報告書	サスティナビリティレポート・ESG報告書・ESGレポート	CSR報告書・CSRレポート	環境報告書
情報	財務情報・非財務情報	非財務情報（サスティナビリティ関連財務あり）	非財務情報	非財務情報
主な想定利用者	主に投資家、株主や取引先などのステークホルダーに向けて	ステークホルダーやESG評価機関が主、ESG投資家	マルチステークホルダー	マルチステークホルダー
内容の大分類	・CSRレポート・環境報告書等のESG情報（環境、社会に関する取り組み） ・アニュアルレポート等の財務情報（事業の概況、戦略、財務状況等） 等	・サステナビリティ報告（社会、環境等貢献） ・企業価値報告 ・サステナビリティ関連財務開示 ・ESG詳細情報	環境、労働、安全衛生、社会貢献,事業活動に伴う環境負荷 等	・環境問題に関する考え方 ・取組内容 ・取組実績 等
狙い	・企業の経営の実態と、中長期的にわたって持続的成長を支える価値創造力を伝えるためのツール ・組織の外部環境を背景として、組織の戦略、ガバナンス、実績および見通しが、短・中・長期の価値創造に、どのようにつながるかについての簡潔なコミュニケーション	・ESG（Environment（環境），Social（社会），Governance（ガバナンス））の情報開示 ・「説明責任の遂行」「適切な社外評価の獲得」「経営の改善への活用」 ・持続可能な社会の実現させるために、企業がどのような取り組みをしているかを開示 ・持続可能な社会を実現させるために、企業が取り組んでいる活動をまとめた報告書（社会視点）	自社が果たしている社会的責任、ビジネスを通じて社会や環境に与える責任	・環境コミュニケーションのツール ・事業者自身の環境保全活動推進のツール ・事業者自身の環境保全活動推進のツール ・環境保全型社会構築のための重要なツール ・社会的な説明責任
構成	・年次事業報告 ・中長期経営戦略 ・価値創造ストーリー ・環境や社会への取り組み ・コーポレートガバナンス ・財務諸表と業績分析 ・企業そのものの持続可能性 等	・一般開示事項:報告組織の背景情報に関する開示事項 ・マネジメント手法：マテリアルな項目に関する組織のマネジメント手法等を報告する際の指針 ・経済、環境、社会についての組織のインパクトに関する開示事項 等	ESG報告等と同様	・事業活動に係る環境配慮の方針等 ・主要な事業内容、対象とする事業年度等 ・事業活動に係る環境配慮の計画 ・事業活動に係る環境配慮の取り組みの体制等 ・事業活動に係る環境配慮の取り組みの状況等

出所）一般社団法人 次世代自動車振興センターWEBサイトより（株）船井総合研究所作成

業の取り組みとして価値があります。そして何よりも、そのまとめていくことの工程や管理する工程で可視化される情報は、企業成長への機会となっていくことでしょう。情報開示を目的化せず、企業ビジョン達成を目的として取り組んでほしいと思います。

（2）情報開示方法の選択

各社の置かれている状況によって、情報開示の目的や方法も当然変わっていきます。例えばプライム上場企業としてTCFD提言に取り組んでいる場合は、開示情報を通じて投資家等とのエンゲージメントを高める必要があります。それゆえに財務情報との関係深掘りが求められていることから、従来一般的であった統合報告書だけではなく有価証券報告書の開示事例も増えています。またグローバルに自社の商品やサービスを展開している企業にとっては、展開先の国々で求められているルールに則り、開示内容も国際イニシアティブも含め深度も幅も変化をしていきます。

それでは中堅・中小企業にとっての情報開示方法は何を目的に、どのように開示すべきか、ですが、まずは**サスティナブルレポート（サスティナビリティ報告書）や環境報告書など、環境に絞り込んで、WEBと冊子での開示に取り組んでほしいと思います。**

取り組みのメリットとして、以下があげられます。

①フレームワークに則ることで自社の環境への取り組みが整理できる
②公開を前提とするために、期限が発生し、正確性を求める
③公開することで責任感が生まれ、取り組みを成果で追求しようとする
④作成する過程での社内各所への巻き込みにより、取り組みへの意識

づけが上がる
⑤顧客が目にすることにより、自社への視点が変わる
⑥採用面でも求職者への訴求によって、企業選択の後押しとなる
⑦継続が内容の深さと精度を上げ、企業ステージも上げることができる
⑧経営者の意識が変わる

大切なことは、綺麗につくることや内容の完璧さを求めることではありません。公開することは目的ではなく手段なのです。とはいえ、取り組みの宣言と同時に目に見える短期的ゴールとして公開の期限を設けることもまた大切で、そこからバックキャスト的に脱炭素経営計画づくりも進んでいくこととなります。是非、情報開示を前提として脱炭素経営に取り組んでください。

2 サスティナブルレポートの作成

作成において、既に前章までの内容が進んでいれば、あとはフレームワークに合致させていくことで可能となります。前項のNBGs（非財務報告ガイドライン）は**表7-3**やフレームとなりますが、これまでのシナリオ分析や対策とロードマップ等によって作成も可能です。IIRC（国際統合報告フレームワーク）は（**表7-4**）、統合報告の形式でもあるためにより深みを増しますが、全てを網羅しなくても、これまでの取り組みによって報告が可能となっていると思います。そして取り組んでもらいたいのが、**環境省の環境報告ガイドラインです**（**表7-5**，**表7-6**）。環境報告書の作成指針ではなく、環境報告という行為についての指針であることから、項目を網羅することによって多くの求められる機能をカ

表7-3 NBG s

原則	
1	重要な情報の開示（Disclose material information）
2	公正、バランスの取れた、理解しやすい（Fair, balanced and understandable）
3	包括的かつ簡潔（Comprehensive but concise）
4	戦略的かつ将来思考（Strategic and forward-looking）
5	ステークホルダー志向（Stakeholder orientated）
6	首尾一貫した（Consistent and coherent）
内容	
1	ビジネスモデル
2	ポリシー及びデューデリジェンス
3	結果
4	リスクとそのマネジメント
5	KPI
6	テーマごとの側面（Thematic aspects）
報告フレームワーク	
取締役会の多様性に関する開示	

出所）CSRデザイン環境投資顧問株式会社 「ESG 開示法規制及び関連ガイドライン（EU・英国・フランス・ドイツ）に関する調査報告」環境省委託調査 p.4

バーできているものとなっています。もしさらに一歩進める場合は、経産省の価値協創ガイダンス（**表7-7**）にも取り組むと良いでしょう。企業価値を高めるために、自社で取り組めていないことをフレームワークによって見えやすくなっております。SXの視点にて、経営・事業変革のスタートに役立てていけることを目指せます。

表7-4　IIRC国際統合報告フレームワーク

1．オーバービュー	
2．基本的概念	
	A. イントロダクション
	B. 資本
	C. ビジネスモデル
	D. 価値創造
3．開示原則	
	A. 戦略的焦点と将来志向
	B. 情報の結合性
	C. ステークホルダー対応性(Responsiveness)
	D. 重要性と簡潔性
	E. 信頼性と完全性
	F. 一貫性と比較可能性
4．内容要素	
	A. 組織概要と外部環境
	B. ガバナンス
	D. 機会とリスク
	E. 戦略と資源配分
	F. ビジネスモデル
	G. 実績
	H. 将来見通し
5．作成と開示	
	A. 報告頻度
	B. 重要性決定プロセス
	C. 重要事項の開示
	D. ガバナンス責任者の関与
	E. 信頼性
	F. 短・中・長期の時間軸
	G. 報告範囲
	H. 集合と分割
	I. テクノロジーの利用

用語集	
附属資料	
	A. IIRCからのその他の公表物・資料
	B. 結論の背景

出所）環境省「環境報告ガイドライン2018年版」p.6以降の内容から抜粋

表7-5 環境省 環境報告等ガイドライン

章	項目	内容
第1章 環境報告の基礎情報		
	1．環境報告の基本的要件	□ 報告対象組織 □ 報告対象期間 □ 基準・ガイドライン等 □ 環境報告の全体像
	2．主な実績評価指標の推移	主な実績評価指標の推移
第2章 環境報告の記載事項		
	1．経営責任者のコミットメント	□ 重要な環境課題への対応に関する経営責任者のコミットメント
	2．ガバナンス	□ 事業者のガバナンス体制 □ 重要な環境課題の管理責任者 □ 重要な環境課題の管理における取締役会及び経営業務執行組織の役割
	3．ステークホルダーエンゲージメントの状況	□ ステークホルダーへの対応方針 □ 実施したステークホルダーエンゲージメントの概要
	4．リスクマネジメント	□ リスクの特定、評価及び対応方法 □ 上記の方法の全社的なリスクマネジメントにおける位置付け
	5．ビジネスモデル	□ 事業者のビジネスモデル
	6．バリューチェーンマネジメント	□ バリューチェーンの概要 □ グリーン調達の方針、目標・実績 □ 環境配慮製品・サービスの状況
	7．長期ビジョン	□ 長期ビジョン □ 長期ビジョンの設定期間 □ その期間を選択した理由
	8．戦略	□ 持続可能な社会の実現に向けた事業者の事業戦略
	9．重要な環境課題の特定方法	□ 事業者が重要な環境課題を特定した際の手順 □ 特定した重要な環境課題のリスト □ 特定した環境課題を重要であると判断した理由 □ 重要な環境課題のバウンダリー
	10．事業者の重要な環境課題	□ 取組方針・行動計画 □ 実績評価指標による取組目標と取組実績 □ 実績評価指標の算定方法 □ 実績評価指標の集計範囲 □ リスク・機会による財務的影響が大きい場合は、それらの影響額と算定方法 □ 報告事項に独立した第三者による保証が付与されている場合は、その保証報告書

出所）環境省「環境報告ガイドライン2018年版」p.6以降の内容から抜粋

表7-6　主な環境課題とその実績評価指標

1．気候変動	温室効果ガス排出 □ スコープ1排出量 □ スコープ2排出量 □ スコープ3排出量 原単位 □ 温室効果ガス排出原単位 エネルギー使用 □ エネルギー使用量の内訳及び総エネルギー使用量 □ 総エネルギー使用量に占める再生可能エネルギー使用量の割合
2．水資源	□ 水資源投入量 □ 水資源投入量の原単位 □ 排水量 □ 事業所やサプライチェーンが水ストレスの高い地域に存在する場合は、その水ストレスの状況
3．生物多様性	□ 事業活動が生物多様性に及ぼす影響 □ 事業活動が生物多様性に依存する状況と程度 □ 生物多様性の保全に資する事業活動 □ 外部ステークホルダーとの協働の状況
4．資源循環	資源の投入 □ 再生不能資源投入量 □ 再生可能資源投入量 □ 循環利用材の量 □ 循環利用率（＝循環利用材の量／資源投入量） 資源の廃棄 □ 廃棄物等の総排出量 □ 廃棄物等の最終処分量
5．化学物質	□ 化学物質の貯蔵量 □ 化学物質の排出量 □ 化学物質の移動量 □ 化学物質の取扱量(製造量・使用量)
6．汚染予防	全般 □ 法令遵守の状況 大気保全 □ 大気汚染規制項目の排出濃度、大気汚染物質排出量 水質汚濁 □ 排水規制項目の排出濃度、水質汚濁負荷量 土壌汚染 □ 土壌汚染の状況

出所）環境省「環境報告ガイドライン2018年版」p.20以降の内容から抜粋

表7-7 価値協創ガイダンス

価値観		1.1. 価値観を定める意義		
		1.2.社会への長期的な価値提供に向けた重要課題・マテリアリティの特定		
長期戦略	長期ビジョン	2-1.1. 社会への長期的な価値提供の目指す姿		
	ビジネスモデル	2-2.1. 市場勢力図における位置づけ	2-2.1.1. 付加価値連鎖（バリューチェーン）における位置づけ	
			2-2.1.2. 差別化要素及びその持続性	
		2-2.2. 競争優位を確保するために不可欠な要素	2-2.2.1. 競争優位の源泉となる経営資源・知的財産を含む無形資産	
			2-2.2.2. 競争優位を支えるステークホルダーとの関係	
			2-2.2.3. 収益構造・牽引要素（ドライバー）	
	リスクと機会	2-3.1. 気候変動等のESGに関するリスクと機会の認識		
		2-3.2. 主要なステークホルダーとの関係性の維持		
		2-3.3. 事業環境の変化への対応	2-3.3.1.技術変化の早さとその影響	
			2-3.3.2.カントリーリスク	
			2-3.3.3.クロスボーダーリスク	
実行戦略（中期経営戦略など）		3.1. ESGやグローバルな社会課題（SDGs等）の戦略への組込		
		3.2.経営資源・資本配分（キャピタル・アロケーション）戦略		
		3.3. 事業売却・撤退戦略を含む事業ポートフォリオマネジメント戦略		
		3.4. バリューチェーンにおける影響力強化、事業ポジションの改善、DX推進		
		3.5. イノベーション実現のための組織的なプロセスと支援体制の確立・推進		
		3.6. 人的資本への投資・人材戦略		
		3.7. 知的財産を含む無形資産等の確保・強化に向けた投資戦略	3.7.1. 技術（知的資本）への投資	3.7.1.1. 研究開発投資
				3.7.1.2. IT・ソフトウェア投資／DX推進のための投資
			3.7.2. ブランド・顧客基盤構築	
			3.7.3. 企業内外の組織づくり	
			3.7.4. 成長加速の時間を短縮する方策	

表7-7　価値協創ガイダンス（つづき）

成果と重要な成果指標（KPI）		4.1. 財務パフォーマンス	4.1.1. 財政状態及び経営成績の分析（MD&A等）	
			4.1.2. 経済的価値・株主価値の創出状況	
		4.2. 企業価値創造と独自KPIの接続による価値創造設計		
		4.3. 戦略の進捗を示す独自KPIの設定（社会に提供する価値に関するKPIを含む）		
		4.4. 資本コストに対する認識		
		4.5. 企業価値創造の達成度評価		
ガバナンス		5.1. 取締役会と経営陣の役割・機能分担		
		5.2. 経営課題解決にふさわしい取締役会の持続性		
		5.3. 社長、経営陣のスキル及び多様性		
		5.4. 社外役員のスキル及び多様性		
		5.5. 戦略的意思決定の監督・評価		
		5.6. 利益分配及び再投資の方針		
		5.7. 役員報酬制度の設計と結果		
		5.8. 取締役会の実効性評価のプロセスと経営課題		

実質的な対話・エンゲージメント	取締役会と経営陣の役割分担とコミットメントの下、投資家との対話・エンゲージメントを深め、価値創造ストーリーを磨き上げる	6.1. 実質的な対話等の原則
		6.2. 実質的な対話等の内容
		6.3. 実質的な対話等の手法
		6.4. 実質的な対話等の後のアクション

出所）経済産業省「対話ガイダンス2.0（価値協創ガイダンス2.0）ーサステナビリティ・トランスフォーメーション（SX）実現のための価値創造ストーリーの協創ー」（2020年8月30日改訂）p.1

第Ⅲ部

注目の技術

第Ⅲ部では、近年注目を集めている脱炭素関連の技術をご紹介いたします。本書をお読みになっている中堅・中小企業の皆様にとっても活用可能な技術や、今後の脱炭素経営の推進における有効な手段となる技術ばかりです。

1 CO_2排出量算定・管理SaaS型クラウドツール「zeroboard」

「zeroboard（ゼロボード）」は、株式会社ゼロボードが提供するCO_2排出量の算定・可視化クラウドサービスです。

2021年９月、代表取締役の渡慶次道隆氏がA.L.I.テクノロジーズ（AI・ブロックチェーンなどの先端技術を活用したサービスを提供する企業）から同事業をMBOし、株式会社ゼロボードとしての事業を開始しました。その後、DNX Venturesを引受先とする第三者割当増資の実施や、脱炭素業界の第一人者であるニューラル代表取締役CEOの夫馬賢治氏を顧問に迎えるなど、昨今の脱炭素市場において非常に注目されているスタートアップ企業の１社です。

第Ⅱ部にて前述の通り、中小企業はScope1,2、大手企業はScope1,2,3の排出量の算定が、脱炭素経営のスタートです。zeroboardは排出量の算定時にご活用頂けるSaaS型のクラウドサービスで、既に1,800社（2022年８月時点）を上回る企業で導入が進んでいます。世の中に、CO_2排出量の算定・可視化を行うクラウドサービスがいくつかリリースされている中で、zeroboardが推奨さ

図Ⅲ-1　「zeroboard」の製品イメージ

出所）株式会社ゼロボードより提供

れる理由を解説いたします。

①信頼性

zeroboardは、フランスのパリにグループ本部を置く国際的な認証機関ソコテック（SOCOTEC）の日本法人で、温室効果ガス排出量の検証機関であるソコテック・サーティフィケーション・ジャパン株式会社より、ISO14064-3に準拠した検証手続きに基づいた妥当性の保証を受けています。国際規格に準じた客観的な保証を受けているため、信頼性の高い形でCO_2排出量の算定・開示が可能です。

②操作性

zeroboardは脱炭素経営に対する知見のない担当者にとっても分かりやすい画面で、月別・拠点別・活動内容別・Scope別にCO_2排出量を入

図Ⅲ-2　「zeroboard」の入力画面

出所）株式会社ゼロボードより提供

力することができます。下図のように、「一般炭の使用」や「液化天然ガス（LPG）の使用」等の該当する算出対象を選択して入力枠を設け、その入力枠に燃料使用量等の活動量を入力するだけで、CO_2排出量が算出されます。CSVファイルのインポートや会計システム、ERPと連携した自動入力にも対応しており、入力の手間が極力かからない仕様になっています。

また、拠点別の排出量算定ができるため、複数の事業所を持つ企業には特におすすめです。

③機能性

zeroboardでは排出量算定後、下図のようなフォーマットで月別・拠点別・活動内容別・Scope別にダッシュボード化でき、視覚的に分かりやすい形でのアウトプットが可能です。また、zeroboard内でデータを

図Ⅲ-3　「zeroboard」のCO_2排出量可視化のダッシュボードイメージ

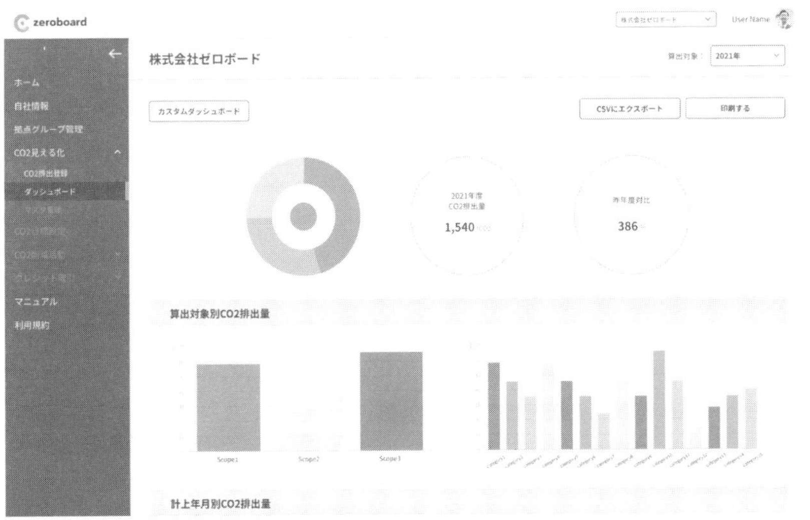

出所）株式会社ゼロボードより提供

集計し、国内の温対法に対応したレポート作成ができ、各種資料作成の手間も不要です（対応フォーマットは順次拡大予定）。

繰り返しになりますが、脱炭素経営を推進する上でのファーストステップは、現状のCO_2排出量の算定・可視化です。zeroboardは、脱炭素に対する知見が深くない担当者様でもすぐに算定を進められる上、入力の手間もかからず、複数拠点の算定まで容易に行えます。CO_2排出量の算定サービスは数多くありますが、これからCO_2排出量の算定に取り組む企業様には、zeroboardの利用は有効です。

2 通常の自家消費型太陽光PPAより、電気料金削減やCO_2削減量が多い余剰電力循環型スキーム

「**余剰電力循環型スキーム**」とは、株式会社VPP Japanが提供する独自の自家消費型太陽光発電システムのPPAモデルです。同企業は、エネルギーマネジメント企業である株式会社アイ・グリッド・ソリューションズの連結子会社であり、伊藤忠商事株式会社や電源開発株式会社、合同会社K4Ventures（関西電力グループ）、エネルギー分野に特化したベンチャーキャピタルの株式会社環境エネルギー投資等、大手電力関連企業が一挙に出資するスタートアップ企業です。

PPAモデルとはPower Purchase Agreement（電力販売契約）の略で、PPA事業者と契約することで、初期費用なしで自家消費型太陽光発電システムの設置できる仕組みです。PPA事業者が太陽光発電システムを所有する形態をとり、従来の電力会社よりも電力単価が安いPPA事業者の自家消費型太陽光の電気を利用できるため、毎月の電気料金を削減しながらCO_2排出量を削減できるということを初期投資ゼロ円で実現できるスキームです。投資金額の大きい自家消費型太陽光の導入を初期費用なしで実現でき、従来よりも安い電気を利用でき、電気料金が削減できるスキームのため、国内で非常に広がりを見せています。

PPAモデル自体は従来から存在するスキームですが、株式会社VPP Japanの提供する余剰電力循環型スキームは従来のPPAモデル以上の費用対効果が期待できます。通常、自家消費型太陽光発電システムを導入する際は逆潮流の対策が必要です。逆潮流とは需要家側から系統側に電

図Ⅲ-4　従来のPPAモデルと余剰循環PPAモデルの違い

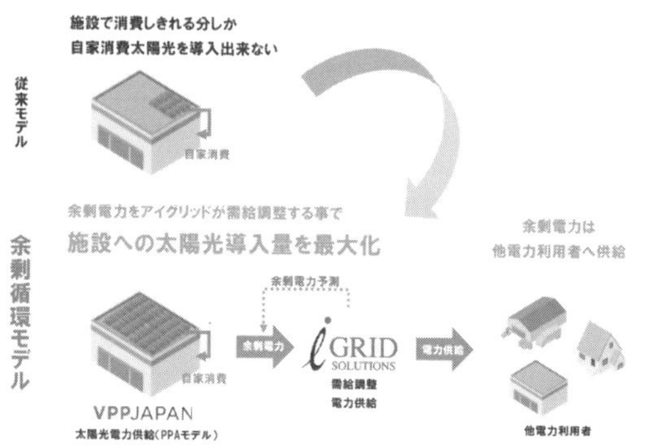

出所）VPP Japanより提供

気が逆流することを指し、自家消費型太陽光では発電した電力を全て自家消費することを条件に系統と連携しています。平日の企業の運営時間に逆潮流することはあまりありませんが、休日等の企業が運営していない（電気を使用していない）時間帯では、使われない電力が系統に流れ込み、逆潮流が発生してしまいます。逆潮流した余剰電力は運用できる事業者がいなかったため、従来のPPAモデルでは、逆潮流防止のために、施設で消費しきれる分しか自家消費型太陽光の導入ができませんでした。

一方、余剰電力循環型スキームでは、逆潮流の制約を考慮する必要がなく、施設の屋根全体に設置可能です。施設で消費しきれなくなった余剰電力については、VPP Japanの親会社であるアイ・グリッド・ソリューションズが余剰電力を予測し、買取を行います。そのため、自家消費量が従来のPPAモデルよりも増えるため、より電気料金の削減につながり、ひいてはCO_2排出量の削減にもつながります。

この余剰電力については、アイ・グリッド・ソリューションズの独自の余剰電力予測AI技術を用いた需給調整を行う次世代エネルギープラットフォームにより実現しました。このプラットフォームには、累計6,000施設のエネルギーマネジメント事業を通して蓄積した電力ビッグ

図Ⅲ-5 余剰循環型スキームと従来モデルの発電量のイメージ

再エネ比率最大化

通常のスキーム

週末休業など電力需要が小さな施設では、消費可能な電力量の設計となるため、太陽光パネル容量を小さくする、もしくはPPA自体を導入できない。

自家消費

■課題
屋根の面積を最大限活用できない。
PPAのサービス対象外とされる。
契約書で発電電力の全量購入などの制約がある。

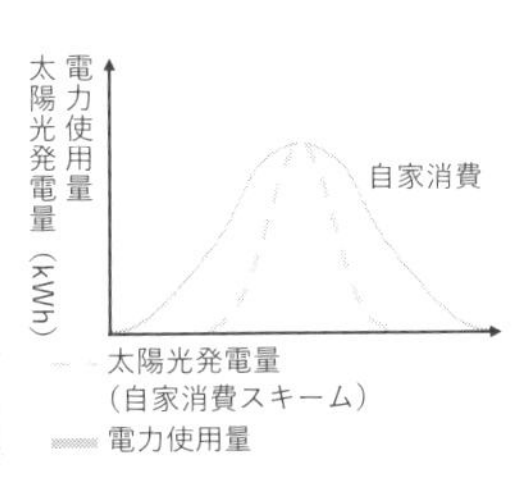

屋根全面活用スキーム

余剰電力をアイグリッドが需給調整・他需要家へ供給する事で
施設への太陽光導入量を最大化

他電力利用者

太陽光発電量
電力使用量
余剰電力量

出所）VPP Japanより提供

データを活用し、電力データと気象データをAIで解析する事で24時間先までの電力使用量を施設毎に予測することが可能です。これらの要素技術と、太陽光発電量予測技術を組み合わせる事で、余剰電力量の予測ができます。これにより、逆潮流によるインバランス（ペナルティ）の対策をおこなっているのです。詳細は割愛いたしますが、計画値同時同量制度というもので、一般送配電事業者に事前提出した余剰電力量の計画値と実際に対象施設で余剰電力量の実績の差が発生した際に、一般送配電事業者にインバランス料金（ペナルティ）を支払う必要があるという制度です。このインバランス料金を抑制し、不安定な太陽光発電による電力をコントロール、ネットワーク化し再エネの最大利用を可能にしています。

余剰電力循環型スキームでは、従来のPPAモデル以上の費用対効果やCO_2排出量の削減効果を期待できます。Scope2の削減手法として、初期投資がかからず、従来のPPAモデルよりもCO_2削減効果の高い余剰電力循環型スキームは大いに活用できる手法の一つです。

3 P2Pの電力取引（需要家と発電事業者が直接電力取引）を実現する

「デジタルグリッド・プラットフォーム（通称：DGP＝ディージーピー）」は、デジタルグリッド株式会社が提供する仕組みです。2017年10月設立の“日本初の民間事業者による自由な電力取引市場の運営”を行う企業です。ソニーグループ、東京ガス、京セラ、川崎重工業、三菱商事、住友商事、豊田通商、清水建設、鹿島建設、東芝、九州電力、三菱HCキャピタル、NECフィールディング、ENEOS、住友林業、東急不動産、三井化学、JFEエンジニアリング、横河電機など様々な業種の大手企業から出資を受けている注目のスタートアップ系企業です。「DGP」は、“電力を買う（使用する）需要家”と“電力を発電する発電家”が直接、電力取引をおこなうことができる仕組みです。

図Ⅲ-6 デジタルグリッド・プラットフォームにおける電力取引のイメージ図

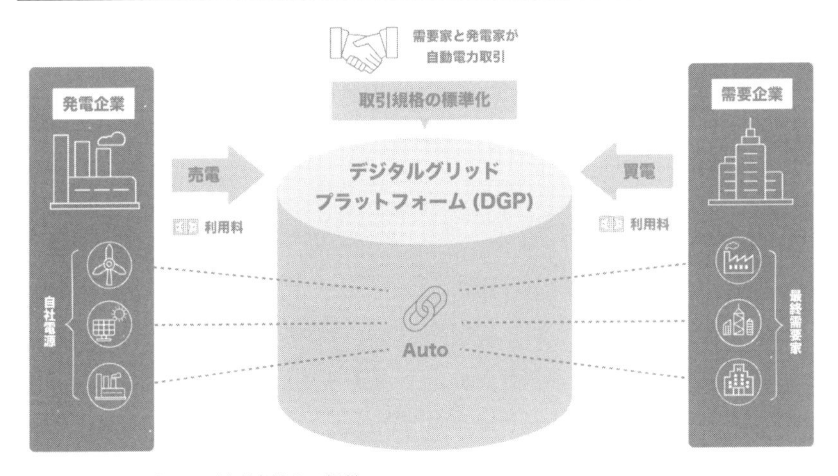

出所）デジタルグリッド株式会社より提供

需要家の立場から考えると、従来は電力小売会社が定めた電源構成や電力プランの中から選択することが当たり前でしたが、このプラットフォームを利用することで、非化石電源や再エネ発電という電力を、誰でも自由に選択することができるようになります。要するに、需要家自らが、“好きな電源構成を選ぶ”ことができます。例えば、「再エネ電源比率を30％にしたい」「再エネ電力比率を70％まで増やしてCO_2排出量を削減したい」「再エネ100％電源に変えてRE100を目指したい」ということが実現できるのです。同社は、再エネという選択肢を誰でも自由に選べる未来を目指しており、このDGPを利用することでそれが可能となります。また、電力取引に加えて環境価値取引も行うこともできます。

図Ⅲ-7　従来の電力調達とデジタルグリッド・プラットフォームの違い

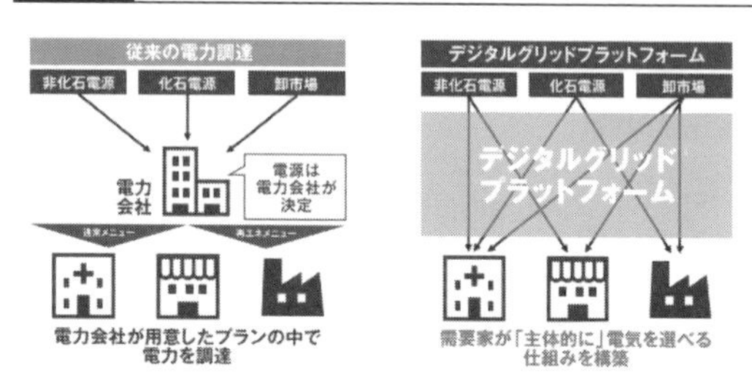

出所）デジタルグリッド株式会社より提供

需要家（電気を使う・購入する）がDGPを利用するメリットとしては、主に以下の３点となります。

①火力発電などの化石電源・再エネなどの非化石電源・市場調達（JEPX）といった選択肢から自由に電力調達ポートフォリオを組成できる

前述の通りとなりますが、需要家のオーダーメイドで好きな電源構成を選択できます。よって、電気料金と再エネ価値のバランスを見て電源構成を選ぶことができたり、再エネ100％の電源構成にできたりと自由に調達が可能です。

②自己所有型のオフサイト型自家消費型太陽光導入時のリスク低減ができる（再エネ調達の手段が増える）

オフサイト型自家消費型太陽光とは、自社の敷地内に太陽光発電パネルの設置スペースがない場合や建物への荷重により太陽発電パネルが設置できない場合などにおいて多く採用されているモデルです。遠隔地に設置した太陽光発電設備の電力を系統線通じて供給します（オフサイトモデルについては、第２部 第４章のポテンシャル把握　3 Scope2における削減ポテンシャル把握　（１）再エネ設備の導入をご参照）。

このオフサイト型自家消費型太陽光を自己所有で導入する際の注意点としては、インバランスリスクが発生するという点です。（需要量と供給量を30分単位で予測および計画値の報告後の実績値のズレによる「インバランス」発生時のペナルティ ※計画値同時同量制度）しかし、DGPでは、太陽光発電の電力量データおよび需要家側の電力量データを収集し、独自のAI学習モデルにより、そのインバランスの発生を抑制することができます。万一、インバランスが発生した場合のペナルティは、デジタルグリッドが負担します。高度な需要予測への自信の表れだと言えます。

よって、通常はインバランス（ペナルティ料金）が発生する点において、そのリスク低減が可能になり、需要家として、オフサイト型自家消費型太陽光を自己所有で導入しやすくなるのです。オフサイト型自家消費型太陽光が現実味を帯びてくると事業所を超えて、太陽光発電設備の設置容量の検討ができるため、企業全体で自家消費型太陽光の発電容量の選定ができ、その分電気料金の削減やCO_2排出量の削減につながるという魅力があります。

図Ⅲ-8　デジタルグリッド・プラットフォーム（DGP）を活用したインバランスリスクの抑制のイメージ

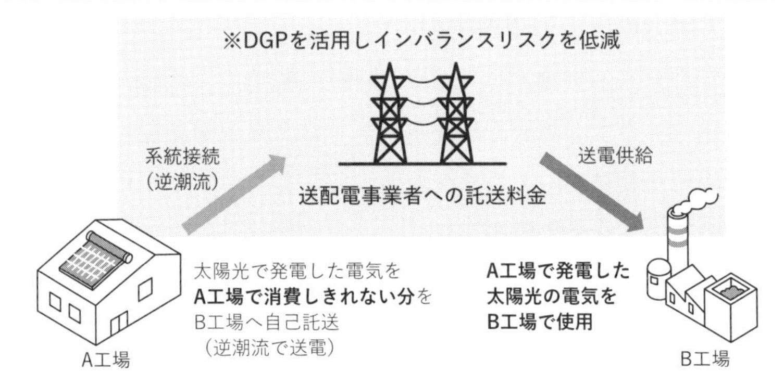

出所）（株）船井総合研究所作成

③PPA型のオフサイト型自家消費型太陽光導入時のリスク低減ができる（再エネ調達の手段が増える）

②は自己所有型ですが、③はPPA型となります。PPA型のオフサイト型自家消費型太陽光の契約先は、小売電気事業者のみとなりますが、デジタル・グリッド社は、小売電気事業者としても企業運営されています。DGPの活用により、追加性のある再エネ電力を長期的・安定的に直接調達できる、自社敷地内のみでは太陽光発電パネルを設置する面積に限界があるところ限界を超えて用地確保が可能、需要施設の近隣に発電所を設置し電力の地産地消を実施することも可能になります。

ここで、バーチャルPPAについても説明しておきましょう。バーチャルPPAとは、フィジカルPPAと異なり、発電事業者と需要家の間に電力の供給関係はなく、発電事業者は卸電力市場に電力を売却して、**“環境価値だけを需要家に提供する”**モデルです。需要家は通常の電力契約を小売電気事業者と結びます。発電事業者による再エネ電力に関しては仮想（バーチャル）の取引になることからバーチャルPPAと呼ばれます。

需要家としては、既存の小売電気事業者との小売供給契約の切り替え不要で環境価値の調達開始時期や調達量の増加ができる、再エネ発電事業者と長期相対契約を締結することで長期的に追加性のある非FIT非化石証書の確保が可能、一般的なバーチャルPPA対比で安定的な価格での非FIT非化石証書の調達が可能という点が魅力です。

このように、デジタルグリッド・プラットフォームは、"日本初の民間事業者による自由な電力取引市場"として、従来の再エネ調達の手段の幅や可能性を大きく広げるものとなります。

図Ⅲ-9　フィジカルPPAとバーチャルPPAの違い

フィジカルPPA（電力と環境価値をセットで取引）

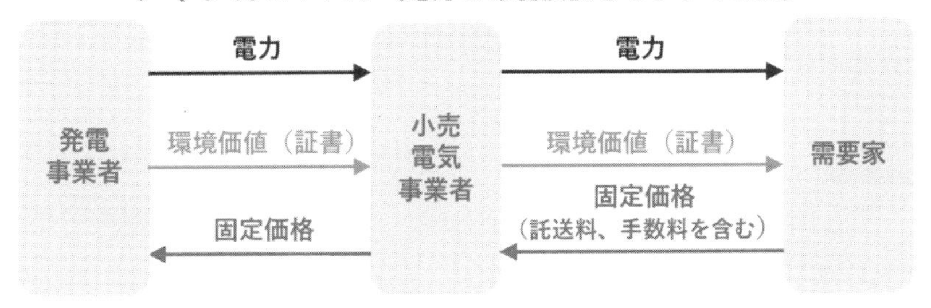

バーチャルPPA（環境価値だけを取引）

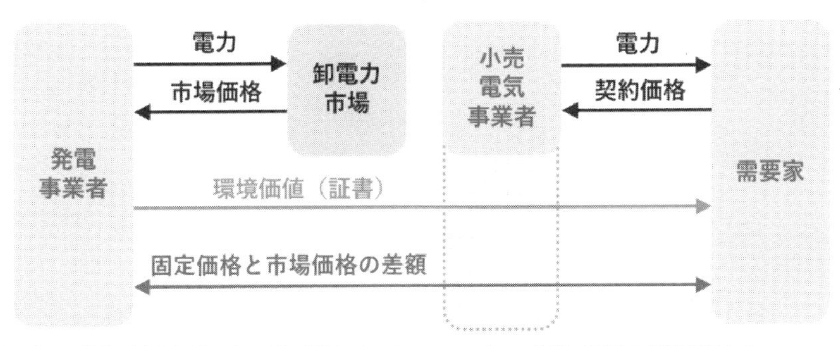

出所）公益財団法人自然エネルギー財団 バーチャルPPAとFIP非化石証書の直接取引より

発電事業者の顔が見える電力で評価が高い再エネ100%電力を購入

「**顔の見える電力**」は、株式会社UPDATERが提供している電力の通称です。2011年設立、資本金13億498万円（資本準備金20億3,918万円）、創業者である大石英司氏、SMBCベンチャーキャピタル、みずほキャピタル、SBIホールディングス、セガサミーホールディングス、丸井グループ、電通、三井住友信託銀行などが株主として構成されている会社です。ブロックチェーン技術など独自Techを用い、世界に潜む社会課題を「顔の見える化」で解決し、社会、産業、そして自分自身をアップデートしていくという由来の社名となります。

同社では、実質再生可能エネルギーと比べ、国際イニシアチブの評価

図Ⅲ-10　株式会社UPDATERのRE100プランと他社の実質再生可能エネルギープランの違い

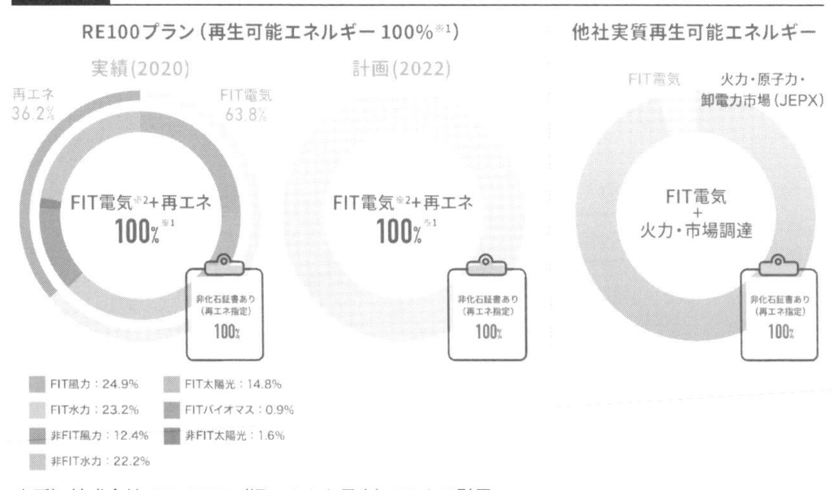

出所）株式会社UPDATER（旧：みんな電力）HPより引用

が高い「再エネ100％（RE100プラン）」を提供しております。同社が提供するRE100プランは、再生可能エネルギー由来の電気に、再生可能エネルギー指定の非化石証書の環境価値を組み合わせることで、再生可能エネルギー100％の電気を供給するものであり、CO_2排出量もゼロとなります。他社の再エネ電力プランには、火力発電などのCO_2を排出する化石電源を非化石証書でカーボンオフセットした「“実質”再生可能エネルギー」もある中で、同社は再生可能エネルギー由来の電気に、再生可能エネルギー指定の非化石証書の環境価値を組み合わせものとなります。

さらに、みんな電力のブロックチェーンを活用したP2P電力トラッキングシステム「ENECTION2.0」により、全電力の提供元を確認できるという電力の透明性があることが特徴です。電力を供給する発電所を最大3カ所から指定することができ、地産地消を考慮したエリア、再エネ発電の種類、再エネ発電の容量など、自社の考え方や理念に合った発電

図Ⅲ-11　WEBページ（ENECT POWER TRACKING）の画面イメージ

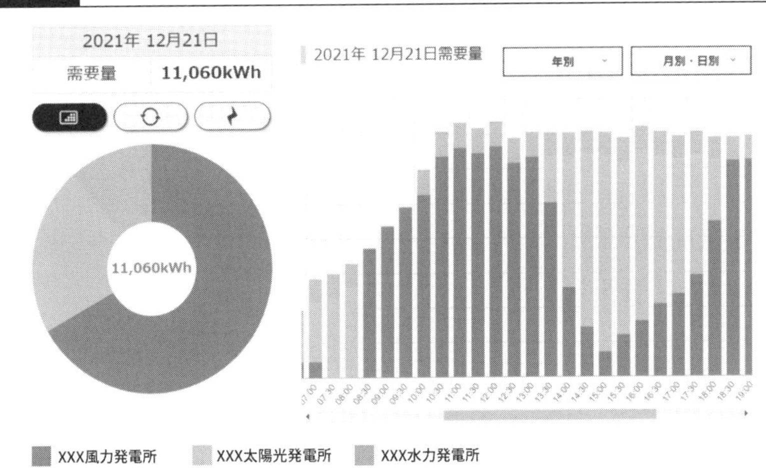

出所）株式会社UPDATER（旧：みんな電力）HPより引用

図Ⅲ-12　UPDATER社が直接契約する全国の再エネ発電所

出所）株式会社UPDATER（旧：みんな電力）HPより引用

所の電力を使用できます。また専用のWEBページ（ENECT POWER TRACKING）では、どこの発電所の電力を使用したのか、30分単位で確認することができます。指定した発電所の発電量と、自社の電力使用量をマッチングすることで、指定発電所の電力を使用したとみなし、そのマッチング状況をブロックチェーン上で公開することで、電力のトレーサビリティを証明している仕組みとなります。

UPDATER社が日本全国の約600カ所の再エネ発電所と直接契約をむすび、太陽光、風力、水力、バイオマス、地熱の電力を直接仕入れ、提供されております。

また、同社はほかにもオフサイト型自家消費型太陽光のPPA、オンサイト型の自家消費型太陽光のPPAなどのサービスもラインナップとして有しております。「追加性」の高い再エネ電源を共有しています。

5 ブロックチェーン上の“再エネ使用実績データ”をNFT化し、カーボンフットプリントに活用

エネルギーエージェントサービスや電力卸取引を提供する株式会社エナリスが検証する実証事業をご紹介します。同社は、2004年12月創業、auエネルギーホールディングス、電源開発が出資企業となるKDDIグループですが、2022年8月より、福島県の合資会社大和川酒造店と協働で、日本酒を製造する工程で使用する再生可能エネルギー使用実績データを基にNFTを発行し、その有効な活用方法を検証する実証事業を開始されています。

ブロックチェーンを使ってトラッキングした再エネ使用実績のNFT化は、日本で初めての試みとなります。NFTとは、Non Fungible Token（非代替性暗号資産）の略称で、ブロックチェーン上で発行および取引される代替不可能で改ざんやコピーができない唯一無二のデジタルデータのことです。ブロックチェーンの仕組みを利用して、「データのオリジナル性」と「データの所有者」の証明が可能になります。

今回の実証では、エナリス社のブロックチェーンプラットフォームを使って記録した、大和川酒造店における日本酒の製造工程の再エネ使用実績データと、大和川酒造店の画像データ等を組み合わせてデジタルアートを制作し、NFT化するものとなります。どこで生まれた再エネを、いつ、どれだけ使用したか、などの情報によってデジタルアートの仕上がりは変わり、NFTの仕組みと掛け合わせ“再エネ使用を証明する唯一無二のデジタルアート”が発行されます。今回の実証では“再エネデジタルアート”の発行に留まらず、NFT取引市場でどれくらいの価値がつくのか、あるいは日本酒を購入したお客さまへの付加価値とし

て有効かなど、その活用方法についても検証を行います。脱炭素経営を推進する取り組みの一つに「カーボンフットプリント（CFP）」という、製品やサービスの原材料調達から製造・加工・使用・廃棄・リサイクルまでのライフサイクル全体のCO_2排出量を印字するものがありますが、排出量の見える化や消費者への訴求が難しいことなどが課題です。

図Ⅲ-13　再エネデジタルアートの活用スキーム

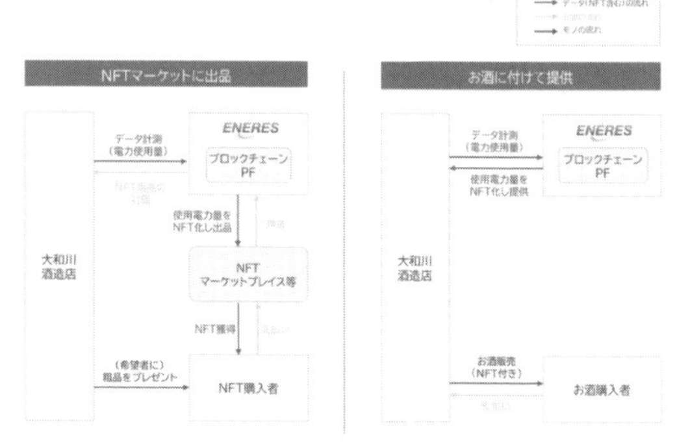

出所）株式会社エナリス 2022年8月23日プレスリリース

図Ⅲ-14　「再エネデジタルアート」イメージ

出所）株式会社エナリス 2022年8月23日プレスリリース

今回の実証では、再エネ使用実績のNFT化の技術を将来的に個別商品・サービスまで落とし込むことによって、CFPの消費者への訴求が難しいという課題解決にもつながっていくものとなります。

自社製品やサービスの脱炭素化や低炭素化をどのように消費者や顧客に訴求していくかは、持続的な脱炭素経営の推進や自社の売上利益につなげていくためには非常に重要なポイントです。その点において、NFT取引市場でどれくらいの価値がつくのか、あるいは日本酒を購入したお客さまへの付加価値として有効なのかどうか、同社の実証事業の動向を注目して見ていけると良いでしょう。

6 EV充電設備の0円設置

ENECHANGE株式会社が提供する**エネチェンジEVチャージ**は、最低０円からEV充電設備を導入でき、導入から運用までパッケージ化されたサービスです。同企業は「エネルギーの未来をつくる」をミッションとして掲げるエネルギーテック企業であり、2020年12月にIPOして以降、東証グロース市場に上場しています。これまで、家庭向けの電力・ガスの一括見積もりサービス「エネチェンジ」や電力・ガス会社向けのデジタルマーケティング支援サービス「EMAP」を提供してきましたが、2021年11月より「エネチェンジEVサービス」をローンチされました。

エネチェンジEVチャージとは、導入や運用の手間、コストを最小限に抑え、EV充電設備の導入ができるオールインワンなサービスです。充電器の選定から施設の電気設備に応じた工事内容の決定、施工業者の手配、充電管理システム・ユーザー向け課金アプリの提供、利用者からのお問い合わせ対応、集客支援まで一貫して行います。本サービスで設置するEV充電設備としては、日東工業製Pit2G「チャージ１」と補助金の対象

図Ⅲ-15　ENECHANGE社が提供するEV充電

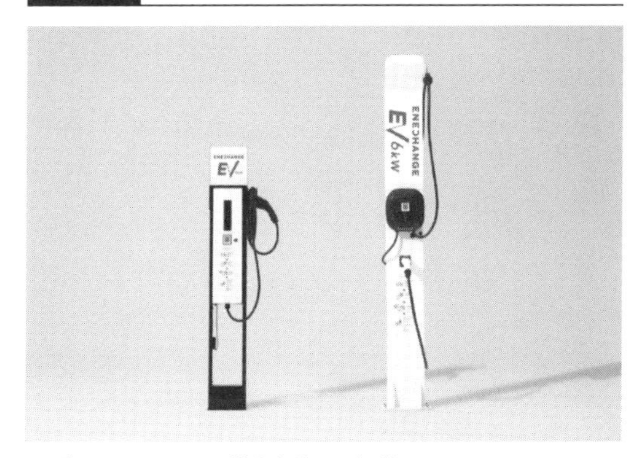

出所）ENECHANGE株式会社より提供

となる6kW対応の普通充電器「チャージ２」をラインナップとして取り揃えています。

2022年６月から受付開始した「エネチェンジEVチャージ導入支援キャンペーン」では、料金プランによっては、初期費用０円、月額費用０円でEVステーションを設置可能です。国の補助金制度の活用に加えて、ENECHANGE独自の導入支援金を上乗せすることで、設備を導入する施設・駐車場オーナーは実質無料でEV充電器を設置して頂けるスキームです。こちらのキャンペーンでは、新規にEV充電設備を導入する施設に加えて、既存設備をリプレイスする場合も対象になります。

電気自動車の導入を検討する上で、充電インフラの整備は必須です。脱炭素経営において様々な投資が必要となる中、エネチェンジEVチャージのようなサービスをご活用頂くことで、費用を抑えた脱炭素の推進が可能です。

中長期的な視点ではEVの本格普及は必至のため、CO_2排出量の削減のためにも、電気自動車および充電設備の導入を先んじてご検討されることをおすすめします。

7 EVステーション検索アプリ

ENECHANGE株式会社は、前述のエネチェンジEVチャージに引き続き、充電スポット満空情報、充電オンオフから決済までを完結できるスマホアプリ「**エネチェンジEV充電**」を提供しています。こちらのアプリでは全国のEVステーションを検索できる上、エネチェンジのEV充電設備であれば、満空情報の確認から決済までワンストップで行えます。

こちらのアプリでは、地図上からEV充電スポットの検索ができ、充電出力ごとの検索も可能です。また、地図上から現在地周辺の充電スポットがいま充電可能かどうか分かる上、写真付きで充電スポットまで案内頂けます。

利用方法としては、下記の手順に沿って簡単にご利用頂けます。

①アプリストアから「エネチェンジEV充電」アプリをダウンロード

図Ⅲ-16 EVステーション検索アプリの画面イメージ

出所）ENECHANGE株式会社より提供

図Ⅲ-17　EVステーション検索アプリの操作手順

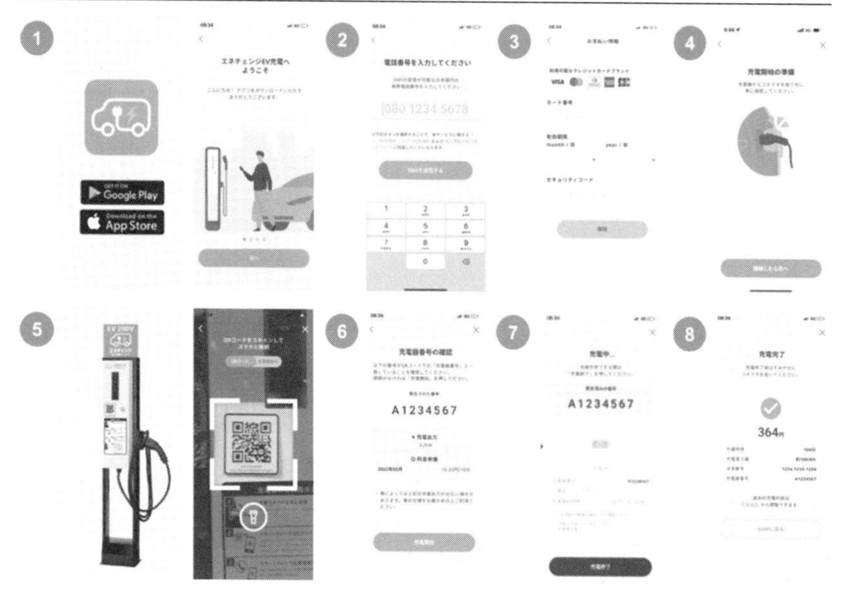

出所）ENECHANGE株式会社より提供

　します

②アプリを起動し、利用者情報を登録します

③クレジットカード情報を登録します

④地図上に表示される「充電を始める」をタップし、充電開始の準備をします

⑤エネチェンジの充電スタンドにあるQRコードをスマートフォンのカメラで読み取ります

⑥表示手順に従い、充電器のコネクタを接続します

⑦充電が開始されます

⑧充電完了。プッシュ通知で通知されます

エネチェンジのEV検索アプリなど、EVシフトに向けたインフラが徐々に整いつつあり、EVの普及はより一層加速していくと思われます。ENECHANGE株式会社のようなベンチャー企業を中心に、日本国内における脱炭素を取り巻く環境はスピード感を持って変遷しつつあります。脱炭素の最新情報にキャッチアップしていく上で、脱炭素時代を先導するスタートアップ企業の動向にも注目です。

8 「脱炭素・GX経営.com」にて多数掲載

ここまでは、最近注目を浴びる技術をご紹介してきましたが、まだまだご紹介し切れていない技術やサービスがございます。船井総合研究所カーボンニュートラル支援ユニットが運営する「**脱炭素・GX経営.com**」では、本書ではご紹介していない、省エネ施策の推進、再エネ設備の導入に活用できるあらゆる手段や実際の導入事例を掲載しております。ぜひ、ご覧いただき、自社の脱炭素経営推進にお役立てください（https://shouene.funaisoken.co.jp/）。

図Ⅲ-18　脱炭素経営・GX.comトップページ

脱炭素経営・GX.com
0120-958-270
受付時間 平日9:45～17:30
経営相談はこちら
無料小冊子ダウンロード
はじめての方へ
脱炭素経営 コンサルティングメニュー
脱炭素技術・情報を見る
脱炭素経営の推進事例を見る
脱炭素コラムを見る
脱炭素経営を学ぶ
持続可能な企業成長・企業価値向上のための
脱炭素経営・GX
国内屈指の実績を誇る脱炭素経営・GXコンサルティング
はじめての方へ ▶

第Ⅳ部

脱炭素経営・GXの推進事例

第Ⅳ部では、中堅・中小企業を中心に脱炭素経営の推進事例をご紹介します。脱炭素を“脅威ではなく勝機に”変え、積極的に取り組み、すでに成果を上げている企業です。

1 脱炭素商品を武器に新規顧客開拓 大川印刷

会社概要

企業名	株式会社大川印刷
住所	〒245-0053　横浜市戸塚区上矢部町2053
電話番号	045-812-1131
代表者	代表取締役　大川哲郎
創業	1881年
資本金	20,000千円
従業員数	39名（2022年3月）
業種	印刷業
売上高	526,000千円
WEB	https://www.ohkawa-inc.co.jp/

株式会社大川印刷は、横浜市に本社を構える、創業1881年(明治14年)、従業員39名（2022年４月時点）の印刷会社です。代表取締役の大川哲郎様が、2002年社会起業家との出会いから「印刷を通じて社会を変える」という視点に気付き、2004年「本業を通じ社会的課題解決を実践する『ソーシャルプリンティングカンパニー®』」と言うパーパスを掲げられました。2018年より従業員主体ボトムアップ型で推進するSDGs経営計画を実施されています。2017年ジャパンSDGsアワード特別賞も受賞されていらっしゃいます。

同企業の脱炭素経営の取り組みとしては、2019年に国内初のPPAで再エネ調達率20％、UP DATERが提供する顔の見える電力として青森県の風力発電を購入し、再エネ調達率100％を達成されました。また、Scope1,2排出量400t-CO_2のうち、自ら削減ができないCO_2を他の場所の排出削減・吸収量の環境価値を購入し相殺（オフセット）し、2019年に自社におけるCO_2排出量の脱炭素化を達成されています。

写真Ⅳ-1　本社工場に設置した太陽光パネル

写真Ⅳ-2　青森県横浜町の風力発電の様子

出所）株式会社大川印刷より提供（以下、第Ⅳ部の図・写真は特に断りが無い限りは掲載企業提供）

環境印刷として石油系溶剤を使用しない印刷、さらには脱炭素を達成したことによる「**CO_2ゼロ印刷（製品・サービスの脱炭素化）**」により、現在数多くの引き合いにつながり、2021年には90社近くの新規取引先の創造につながっています。同社から学べることとしては、中小企業であっても脱炭素経営に積極的に取り組むことで（攻めの脱炭素）、機会の創出につながることです。印刷市場は、決して成長産業ではなく、いわゆる斜陽産業に位置付けられます。その中で、自社の製品や提供サービスの脱炭素化をおこなったことで、従来の印刷物に対して、脱炭素という付加価値がつき、それが他社との差別化につながり、大手企業含め数多くの企業から引き合いにつながっているのです。現在は、Scope3削減を目的に、用紙・インキなどの材料メーカーや外部委託の印刷・製本会社などのサプライヤーに対する「再エネ100％・CO_2ゼロ化勉強会」の開催などもおこなっていらっしゃいます。2021年には、中小企業版SBT認定も取得されております。自社配送の部分もカーボン・オフセットすることで、同社のサービスを購入するお客様にとって、印刷に限らず、輸送部門のScope3削減にも寄与されています。

図Ⅳ-1　大川印刷のCO_2ゼロ印刷・Scope 1，2のゼロ化イメージ

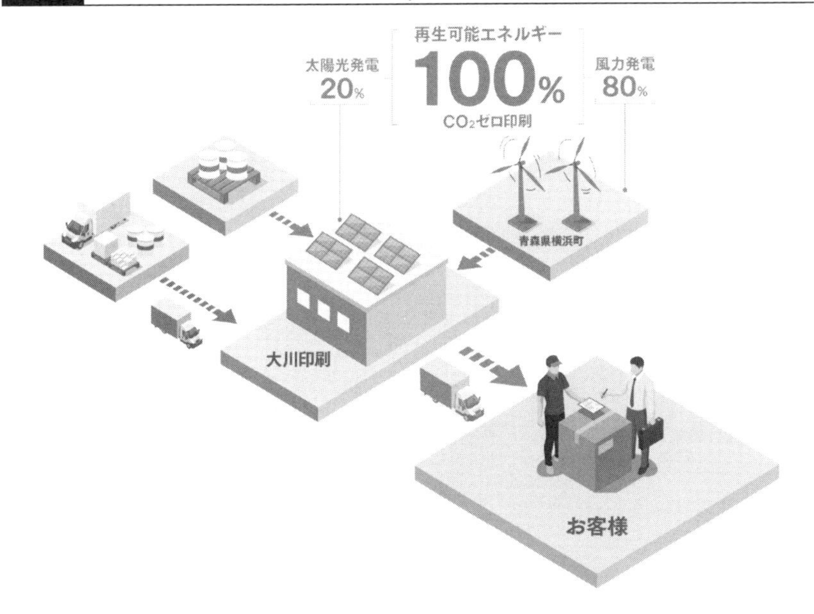

中小企業にとっての脱炭素経営・GXは、実は非常にビジネスチャンスともいえます。中小企業の脱炭素経営は、ライフサイクル上では導入期に位置付けられ、まだ取り組まれている企業が少ないのが実態です。一方では、同社のようにいち早く取り組み、自社の脱炭素経営を達成し、製品・サービスの脱炭素化を提供することで、多くのお客様から指示をいただいている企業もいることは事実です。ぜひ、同社の事例をご参考にしながら、自社の脱炭素経営に対する取り組みを加速化していただければと思います。

2 紙くず屋、プノンペンでBARをやる

写真Ⅳ-3　オフィシャルサイトTOP

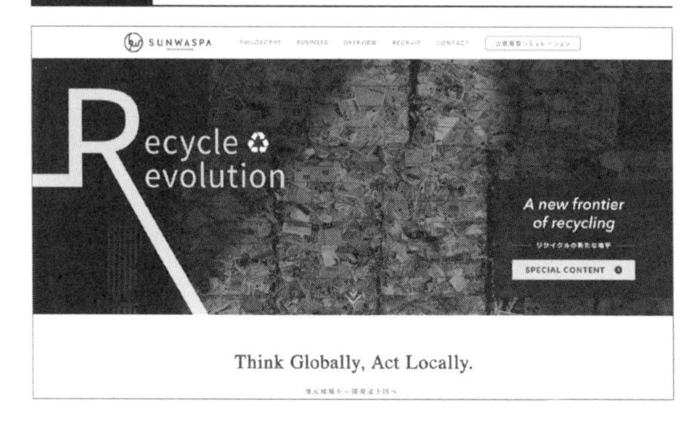

会社概要

企業名	株式会社サンウエスパ
住所	〒501-3156　岐阜県岐阜市岩田西3－429
電話番号	058-241-8077
代表者	代表取締役　原　有匡
創業	1965年01月
設立	1979年02月
資本金	30000千円
従業員数	52名
業種	古紙卸売業、その他の再生資源卸売業
売上高	602,448千円（2021年3月）
WEB	https://sunwaspa.com/

写真Ⅳ-4　同社代表の原有匡様

（1）古紙卸売業がカンボジア産クラフトジンのD2C販売

写真Ⅳ-5　倉庫の古紙

2022年７月、カンボジア産の厳選したボタニカルを使った２種類のプレミアムなジン『MAWSIM（マウシム）』の販売が、オンラインにて開始されました。サトウキビ由来のバイオエタノールを「ベーススピリッツ」として、原料や製法にこだわり２年がかりでレシピを開発し、既にカンボジアの飲食店やホテル等にも卸しはじめています。日本ではオンラインショップ開始と同時にSNSを中心として大きな反響を得ており、ジン好き、クラフト・スピリッツ好きな方々を唸らせています。

写真Ⅳ-6　MAWSIMオンラインショップ（https://mawsim.shop）

そして注目すべきことに、当事業を開始したのは1969年創業の岐阜県で古紙回収事業を営んでいる従業員55名の企業の「**株式会社サンウエスパ**」だということです。カンボジアで、いわゆる古紙屋さんが、ジンをつくるというGXをご紹介します。

（2）三代目社長の原有匡氏の「Recycle Revolution（リサイクル・レボリューション）」

三代目社長の原有匡氏は創業者の甥孫にあたり、古美術商を営んでいるなかで縁あって入社したのは2011年のことでした。古紙の運搬作業をしながらいくじた幾つかの疑問は、「何故古紙卸売業は儲からないか？」ということでした。

そもそも古紙回収業とは、企業や行政など、市中から発生する、新聞やダンボールなどといった「古紙」を収集運搬する業務です。またこの時、排出元からそれらを買い取ることがしばしばあります。こうして仕入れた古紙を、自社工場で圧縮加工し、国内外の製紙メーカーに、製紙原料として販売するのが、古紙卸売業の役割です。つまり、お金を払って古紙を仕入れ、それを加工して製紙会社に販売することで売上を得ています。そして販売量は市中から発生する古紙の量に依存し、また販売単価は相場に依存することにより、売上がコントロールできない、という致命的な弱点を持っていました。加えて、不安定な相場のリスク回避の為に内部留保を積まざるを得ず、成長投資に踏み切れないこともあります。また江戸時代と変わらない業態であり、変わったことと言えば、運搬手段が大八車からパッカー車に変わった程度でした。

先代からバトンタッチして、日常からゴミという概念を洗い流すことを目指し、「Recycle Revolution」のビジョンとともに、ミッションとして「商流を創り、価値を永らえさせる。」と「地域に根差しつつ、世界

写真Ⅳ-7　4つのバリューとオフィス

を見据える。」の2つを掲げ、本質的な価値の追求や、その実践のためのグローカリゼーションの実現を模索しています。その求めるバリューは、「深根固柢」「相利共生」「切磋琢磨」「不易流行」とされており、同社の揺るがない思いが込められています。

（3）GXによる構造破壊「透明化と適正化」

前述のように、同社は市中から排出される古紙を買い取っていますが、この仕入値を、毎月月次で変動するものに自動化したのです。この月次単価は、同社の販売相場実績がダイレクトに反映されるもので、さらに1回あたりの回収量によって顧客ごとの買取単価が月次に算出されるシステムです。それに加えて、排出元から、回収ごとに、距離に応じた回収手数料をいただくことで、売上を安定化させます。そしてこれらの価格チャートは常時HPで公開し、毎月更新することによって公平で根拠ある値決めルールをアピールしています。

同社のこの取り組みは、運送会社の料金表に着想を得たとのことです。宅配料金は、箱の大きさと、距離で料金が決定され、そこに例外はありません。しかし従来の古紙回収では、買取価格はほとんど根拠のないオーダーメイド型でした。古紙回収という分野においては、顧客に対してサービスで差がつけにくく、仕入は価格競争に陥りやすいからです。値決め根拠の公平化とその公開は、業界100年の伝統に対する破壊

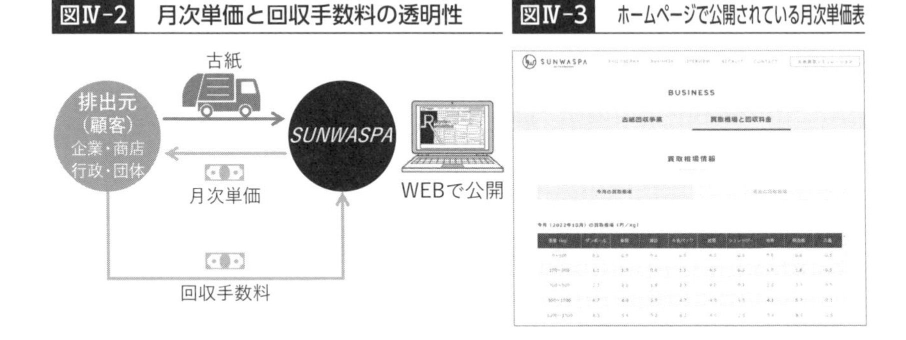

図Ⅳ-2　月次単価と回収手数料の透明性

図Ⅳ-3　ホームページで公開されている月次単価表

的な変化とも言えるでしょう。

この取り組みによって、営業職による価格交渉という仕事が無くなりました。従来の営業職は、2,000社以上ある顧客に対して、ほとんど年中、価格交渉だけをしていました。交渉が終わるころには相場も動いていますので、この仕事は永遠に終わらないだけでなく、仕入れ値はいつまでも適正化されないものになっていたのです。構造破壊以降、同社の営業チームは、SNSの活用や、イベントの開催、アプリの開発、新業態の立ち上げなどに取り組む、多くの機会を得ています。

そして、月次単価と回収手数料の導入によって、顧客が自ら効率化をするようになりました。月次単価は１回あたりの回収量が多いほど買値が上がる仕組みです。また、回収手数料は回数に応じて発生します。つまり、排出元は自助努力で取引条件をより良くすることができ、その結果、当社の回収効率は、37％も向上しました。運搬車両費や燃料費だけでなく、事故発生率やCO_2排出量も大幅に圧縮できました。

この構造改革は、相場ビジネスから手数料ビジネスへのゲームチェンジとなるものです。売上のコントロールは、相場に左右される為に難しいのですが、粗利をコントロールすることができるようになったのです。

構造破壊への取り組みによって、売上の16％に相当する顧客が再編されましたが、仕入は57％に圧縮され、粗利は111％の成長となりました。仕入れの大幅な圧縮は、再編された大口顧客による影響が大きいです。また回収手数料という新たな売上は、100％既存のリソースで獲得していますので、この増加分はそのまま営業利益です。そしてさらに回収効率の向上によって、固定費も大幅に削減されていったのです。

（4）GXによる業態改革「取りに行かない古紙回収」

①「取りに行く」から「持ってきてもらう」へ

業態そのものを改革するために、まず着手したものが、無人の古紙回収ステーション「エコファミリー」でした。2012年から取り組み始め、現在では岐阜県を中心に80店舗を超える展開となっており、1世紀以上も業界の常識であった「取りに行く」を「持ってきてもらう」にシフト

写真Ⅳ-8 エコファミリー

チェンジしたのです。さらに利用者向けアプリ開発、フランチャイズ展開も行っており、さらなる回収網の拡大を図っています。「無人」というのが今の時勢にマッチし、コロナによって中止となった行政回収や、集団回収などの受皿としても機能していったのです。

②呼ばれないと取りに行かない「IoTボタン」

今まで、荷物があろうが無かろうが、定期で回収に回っていた排出元に、IoTボタンを設置し、ボタンを押してもらうことで回収依頼を受けるというシンプルなシステムを開発しました。もちろん「呼びやすい」ということが非常に重要で、設置される場所や、顧客の多様性を考慮して、あえてヘビーデューティーな仕様にしています。これは前述の回収手数料とも非常に親和性が高く、ボタンを押すたびに回収手数料が発生するので、両者の需給バランスが自ずと保たれます。

写真Ⅳ-9　IoTボタン

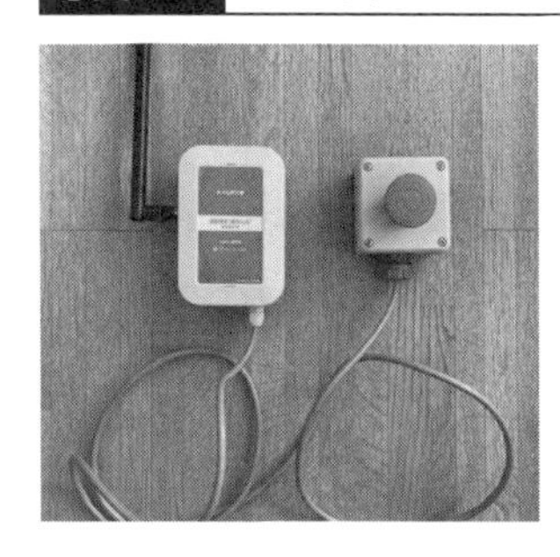
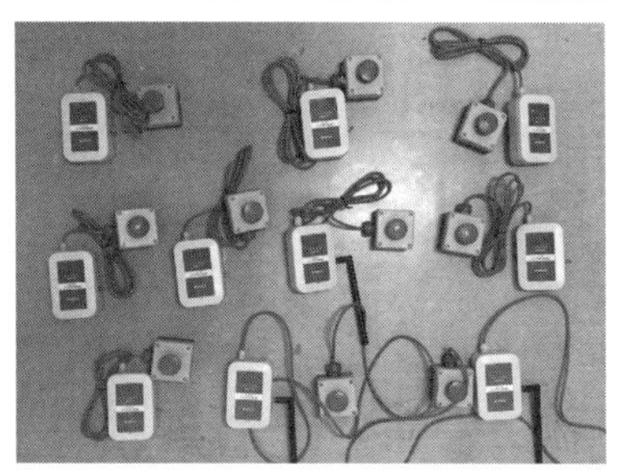

業態改革の結果として、国内では年々減少していく古紙発生量ですが、同社はそれに反して増加曲線を描いています（**図Ⅳ-4**）。

（5）環境企業への脱皮

いわゆる「古紙屋さん」から環境企業への脱皮、それは「サンウエス

図Ⅳ-4 国内の古紙発生量とサンウエスパの取り扱い量

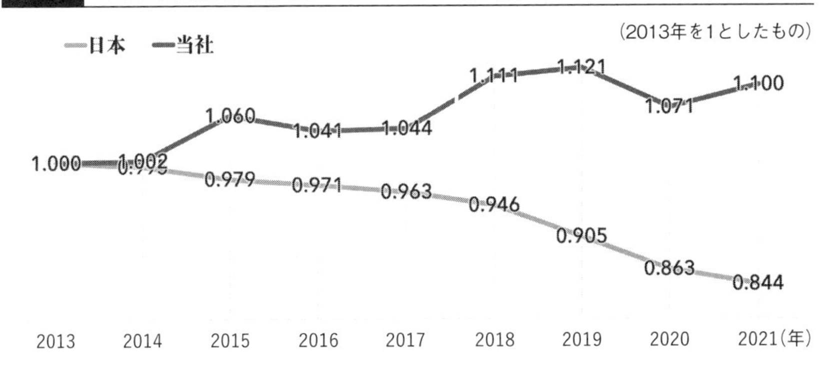

パ」としか表現できない事業領域へ到達すること、サンウエスパの存在する社会と存在しない社会では、何が違うのか？　その何かを業とすることを目指しています。

同社では2016年より、**古紙からバイオエタノールを製造する実証事業をスタートしています**。このバイオエタノールは、リサイクルが難しいシュレッダーダストを原料としています。紙に含まれる植物繊維の細胞壁を構成するセルロースを糖に変え、醗酵するもので、従来の穀物由来のバイオエタノールと異なり食糧と競合しません。また、廃棄物を含む、あらゆる非可食性植物を原料にすることが可能です。そこで目をつけたのが「**ホテイアオイ**」です。これは南米原産の水草なのですが、7か月で200万倍に増えることが報告されており、世界中の熱帯温帯地域で異常繁殖しています。この無尽蔵に増える害草から、カーボンニュートラルなエネルギーを造る、これこそが自社を脱皮させるナニモノかであると確信し、カンボジアへ乗り出したのです。その活動初年度である2017年に、イノベーション枠としてJICAの採択を受けることができ、1年間の実地調査を行いました。現在ではJICAを離れ、2021年からはカンボジア工科大学と、ホテイアオイのバイオエタノール化について共同研

写真Ⅳ-10　カンボジア・コンポンチュナン州で稼働開始したバイオエタノールプラント

究を進めています。さらにエタノール製造プラントの建設に関して『令和２年度：ODA（政府開発援助）草の根・人間の安全保障無償資金協力を活用した官民連携案件』の採択を受け、カンボジア・コンポンチュナン州と連携して建設を開始、2022年４月に施工が完了し、ホテイアオイを原料としたバイエタノールの製造を2022年７月に開始しました。しかし一方で、セルロース系バイオエタノールの製造事業は、政府などの継続的な支援なくしては収益化が困難という課題も存在しています。それゆえにビジネスモデルを新たにデザインする必要がありました。

それは以下のようなものです。

——熱帯の厄介者「ホテイアオイ」から、「バイオエタノール」を製造します。それを水上生活者のボート燃料とするなど、地域分散型エネルギーの普及する未来を展望しつつ、ここへの挑戦を持続可能とするための収益化事業を模索します。例えばエタノールの付加価値は、飲料用とすることで、燃料用の100倍以上にもなります。それにカンボジアの特産品である、胡椒やコブミカンなどの『スパイス』を加え、高品質な『クラフトジン』を蒸溜します。スパイスは自社農園で栽培し、エタノール残渣を堆肥として用います。さらに日本で不要となった農機具を輸入し、エタノールを燃料として走らせます。こうして造られたジンやスパイスは、プノンペンのバーや、D2Cによってボーダーレスに発信していきます。また、ジンの副産物として、消毒液を得ることもできます。

これらの実現の為に、子会社「UNWASPA」を立ち上げました。UNWASPAとはつまり、「UN (not) WASte PAper」であり、カンボジアでの新規事業において、紙くず屋からの脱却を、まさに標榜しています。2022年春よりカンボジアの首都プノンペンにおいて、クラフトジンの蒸留所を稼働させていますが、そこにはテイスティングバーも併設されており、潜在顧客の反応をダイレクトに商品に反映しています。

図Ⅳ-5　UNWASPAによる循環経済の仕組み

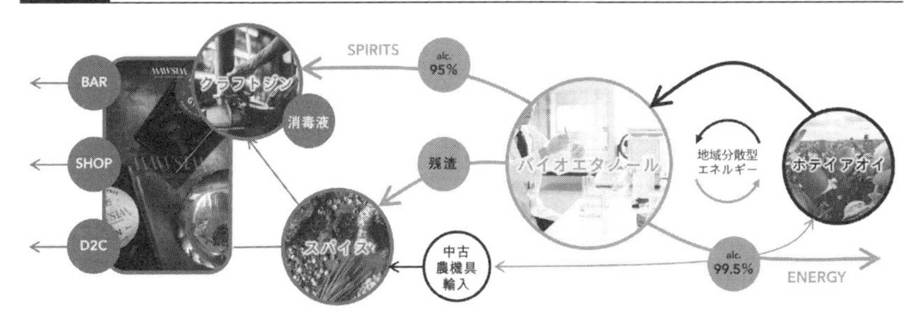

２種類のクラフトジンも完成し、すでに現地において、非常に大きな評判を得ています。現行製品はサトウキビ由来のバイオエタノールのみを使用していますが、2022年末以降はホテイアオイ等の未利用バイオマス由来のエタノールも原料の一部に加えていきます。

写真Ⅳ-11　クラフトジンのテイスティングバー

（6）将来展望について

写真Ⅳ-12　販売している2種のクラフトジン

新しく生まれ変わった同社が展望する未来は、未利用バイオマスによる分散型エネルギーの普及です。世界最貧エリアのひとつでもあるカンボジアの水上生活村において、小規模分散型のエネルギーリサイクルを実現するために、またその未来に至る取組を持続可能にするために、バイオエタノールを高付加価値な商品としてアウトプットすることによって収益化を図る同社のビジネスモデルは、類似した問題を抱える多くの国や地域への汎用性が期待できます。また、ホテイアオイ分布エリアの大半は、高い経済成長率を誇る一方、多くの開発課題を抱えており、しかもエキゾチックなスパイスの宝庫でもあります。これらの地域に、収益事業を水平展開していくことが、自社のビジョンを実現するためにも、まずは為すべき使命と考えています。

なお、当活動は2022年11月に環境省主催のグッドライフアワードにて環境大臣賞（企業部門）を受賞しました。

3 脱炭素経営のプロサッカーチーム「ヴァンフォーレ甲府」

写真Ⅳ-13　ヴァンフォーレ甲府

©2022VFK

会社概要

企業名	株式会社ヴァンフォーレ山梨スポーツクラブ
住所	〒400-8545 山梨県甲府市北口2－6－10
電話番号	055-254-6867
代表者	代表取締役社長　佐久間　悟
創業(発足)	1965年（甲府サッカークラブとして）
設立	1997年2月
資本金	367,000千円
従業員数	16名
業種	プロサッカー団
売上高	1,291,863千円（2022年1月）
WEB	https://www.ventforet.jp/index

（1）2022年10月　天皇杯初優勝

2022年10月16日、横浜の日産スタジアムにて、サッカー日本一を争う「天皇杯JFA第102回全日本サッカー選手権大会」で**ヴァンフォーレ甲府**がクラブ史上初の優勝を成し遂げました。

表Ⅳ-1　地域と家族に愛されるヴァンフォーレ甲府

質問項目	Jリーグ40チーム (J1: 18T, J2: 22T)	VF山梨	J平均
Jクラブは、ホームタウンで大きな貢献をしている	5位	4.6	4.3
調査対象平均年齢	1位	48.7歳	42.8歳
同伴来場した子どもの年齢を含んだ平均年齢	5位	41.1歳	36.7歳
観戦の動機やきっかけ「応援しているクラブの地域貢献」	2位		
平均観戦頻度	2位	17.9回	14.3回
同伴者　家族	2位	**63.90%**	**54.30%**
同伴者数	3位	2.8人	2.6人
平均アクセス時間	3位	38.3分	52.2分
情報入手経路（新聞）	2位	**53.90%**	**25.50%**
情報入手経路（テレビ）	6位	**46.60%**	**38.80%**

出所)「Jリーグ スタジアム観戦者調査2019サマリーレポート」公益社団法人日本プロサッカーリーグ（Jリーグ）より作成

財政難の危機から、地域に本当に愛される、応援されるチームへとなった天皇杯優勝は、山梨県民の心に大きな勇気を与えました。

ヴァンフォーレというクラブ名は、戦国時代の武将である武田信玄の旗印『風林火山』に基づき、「風のように疾く、ときには林のように静かに」を、『VENT（風）』『FORET（林）』というフランス語の組み合わせであらわされています。

Ｊリーグ スタジアム観戦者調査2019（Ｊリーグ スタジアム観戦者調査2019サマリーレポート　発行：公益社団法人 日本プロサッカーリーグ（Ｊリーグ））ではＪ1とＪ2の40チーム中、「Ｊクラブは、ホームタウンで大きな貢献をしている」では４位、観戦の動機やきっかけに「応援しているクラブの地域貢献」では２位、同伴者が「家族」で２位と「同伴者数」も２位、「平均観戦頻度」は17.9回の２位、「調査対象平均年齢」は48.7歳で１位と、地域と家族に愛されるクラブであることがわかります。一時は経営難にも直面したクラブが、何故ここまで地域に愛されるチームとなれたのでしょうか。

（2）発足から経営難を乗り越える

1965年、甲府一高OBによる鶴城（かくじょう）クラブが全国社会人大会出場権を獲得したのを機に、県内の他高校出身者も加えて結成された甲府クラブがスタートでした。1995年からはヴァンフォーレ甲府と改称し、1997年に「株式会社　ヴァンフォーレ山梨スポーツクラブ」と法人化を行ない1999年から開始されたJリーグ２部への参加が承認されます。

しかし97年発足当初から赤字が続き、2000年にはＪリーグ経営諮問委員会より「緊急性がある」として、「観客を増やさない限り、経営改善は見込めない」と指摘されてしまいます。そして2000年には「運営資金不足で経営が極めて厳しい」と県に追加支援を要請したものの、出資時の追加出資できない覚書もあり、自助努力を求めます。その経営危機が県のホームページにて公開され、県内青年会議所や各主団体、サッカー関係者を中心に「VF甲府の存続を求める会」が発足し、署名、募金活動の輪が広がり、2001年にはサポーターによるVF会も発足しました。同年、ホームタウンである山梨県甲府市では、「燃えろ！　ヴァンフォーレ甲府」などと書いたのぼり旗を作製します。そして存続を求める会が窓口となった「1,000円募金」では1万800人から募金が集まり、飲食店舗による選手寮への差し入れや激励会、無償クリーニングやスタジアムでのゴミ処理を無料対応、等協賛企業や団体は220社にもなっていきました。

主要株主4者（山梨県、甲府市、韮崎市、山日YBSグループ）が示した、１試合平均観客数3000人、サポーター会員5000人、広告料収入5000万程度の存続３条件をすべてクリア、初の単年度黒字見通しとなりました。その後も目標は更新されていき、市民が支えるサッカータームとして根付いていったのです。

（3）エコスタジアムプロジェクト

経営危機を乗り越え、スタジアムにも多くの来場者が増えていくことになります。しかし一方で、比例するように増えるゴミの量があり、改善への取り組みが始まります。

ごみの内訳を調べると使い捨て容器が多いことから、2004年より「**エコスタジアムプロジェクト**」として、クラブとサポーターと売店が一緒になって、ごみの減量化やCO_2削減に取り組んでいます。紙コップは廃止して、デポジット方式によるリユースカップを導入します。そして2006年からはエコステーションを設置してゴミの分別回収、2007年からはリユース食器を一部導入します。2010年からは「広がれ！小瀬エコスタジアムプロジェクト実行委員会」を立ち上げ、スタジアム内にエコブースを開設し、環境問題やその対策の啓発を進めています。この結果、2004年から2021年までに累計約100.4万個のリユース食器が使用され、使い捨て容器使用と比較すると、約77.4トンのCO_2排出量を削減したこととなりました。これらの取り組みより、日本財団と環境省が実施する「海ごみゼロアワード」(2020年度）において、最優秀賞を受賞することとなりました。

（4）クラブの活動によるCO_2の見える化

東京都市大学の伊坪徳宏研究室及び一般財団法人グリーンスポーツアライアンスと「スポーツ団体を対象とした環境評価の枠組み構築と活用」の共同研究により、CFP（カーボンフットプリント）を算出し、ク

図Ⅳ-6　ヴァンフォーレ甲府の主体別CFP結果と内訳

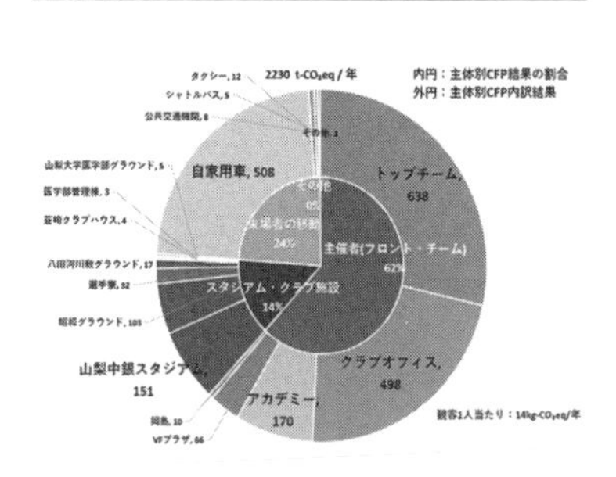

ヴァンフォーレ甲府　HP「SDGsへの取り組み」より
https://www.ventforet.jp/club/sdgs.html

ラブの活動によって排出されるCO_2の「見える化」を実施しています。この共同研究による知見を基として、CO_2排出量を「見える化」するソフトウェアを開発し、特許申請を行いました。

さらに伊坪研究室は、CDP気候変動の質問事項を活用してスポーツ団体に則した質問書を作成し、その回答による「見得る化」を実施しました。その評価システムを今後のCO_2排出量の削減に向けた具体的な取り組みを行う予定となっています。

今後は、年間事業活動から生まれるCO_2排出量の見える化に関心のあるスポーツ団体や国際イニシアティブの開示基準は難しいものの、CFPの算定は行いたい中小企業の皆様と一緒に同システムを活用頂いてCO_2など温室効果ガスの排出量削減への行動を地域一体となって進める、ヴァンフォーレ甲府なりの取組をしたいと考えているようです。

（5）地域とともにSDGs

地域のサポーター・企業・大学との連携、病院や施設の訪問、サッカー教室、「小学校巡回スポーツ教室」としてヴァンフォーレ甲府の専属コーチが小学校の授業で講師を務めること、ホームタウン活動の一環として「ヴァンフォーレ夢のチカラ」ではホームタウンの子どもたちの夢を育み、健全育成に寄与することを目指し、幼稚園・保育園の巡回、地域イベントへの参加、「緑ヶ丘元気UPプログラム」等のスポーツを日常的に楽しむ市民のすそ野の拡大にヴァンフォーレの人材活用プログラム、「シニアわくわく運動教室」等の介護予防事業、エコ活動などさまざまな地域交流活動を通して「地域に根差したクラブづくり」を推進するヴァンフォーレ甲府として役割を担っています。

（6）省庁からの評価

国連UNFCCCが、IOCと共に主導する「Sports for Climate Action Framework」に、ヴァンフォーレ甲府は発足当初より参加しています。

環境省が実施する「中小企業向けSBT、再エネ100％目標設定支援事業」にプロスポーツクラブとして初めてヴァンフォーレ甲府が選ばれ、また経済産業省令和2年度「地域企業イノベーション支援事業」において、関東経済産業局管内の採択案件に事業が採択されました。シニアわくわく運動教室に連動し、運動効果の測定などを実施。県民の運動機能の改善やQOL（クオリティオブライフ）向上、社会的課題である医療費等の削減を目標に行政、スポンサー企業と連携し取り組んでいます。

（7）脱炭素経営のスポーツチームが果たす役割

国連UNFCCCの「Sports for Climate Action Framework」に基づく活動には、２つの包括的目標があります。(a) 気温上昇を２°Cよりもはるかに低く抑えるという、パリ協定に定めるシナリオに沿い、温室効果ガス排出量を計測、削減および報告することを含め、検証済みの基準に基づく約束とパートナーシップを通じ、全世界のスポーツ関係者が気候変動と闘うための明確な道のりを作り上げること、(b) 地球市民の気候変動への認識と行動を推進するための結束を図るツールとして、スポーツを活用すること、です。

同社の取組は、地域に愛され、必要とされているからこそ、その役割としての脱炭素でも地域に貢献することとなっています。スポーツと脱炭素、一見では関係が薄く見えることが多いかもしれませんが、同社のように地域の脱炭素を引っ張る役割は多くあるのでしょう。そして今後のプロスポーツには、益々この輪が広がっていくことでしょう。

4 トヨタ自動車ティア１企業の脱炭素の取り組み

会社概要

企業名	旭鉄工株式会社
住所	〒477-8505　愛知県碧南市中山町7－26
電話番号	0566-41-2350
代表者	代表取締役社長　木村哲也
創立	1941年8月
資本金	27,000千円
従業員数	409名
業種	自動車部品製造
売上高	15,000,000千円
WEB	http://www.asahi-tekko.co.jp/

トヨタ自動車ティア１企業である**旭鉄工株式会社**は1941年創立の自動車部品の製造メーカーです。同企業は、IoTを活用した「**カイゼン**」で労務費とCO_2排出量の削減を実現しました。これまで、100ラインで生産性を平均43％向上の他、電力消費量の22%削減や労務費を年間４億円削減することに成功されています。自社で培ったノウハウを基にi Smart Technologies株式会社を設立し、現場で使いやすいIoTモニタリングサービス「iXacs」の提供からカイゼンのためのコンサルティングまで行い、現場カイゼンのノウハウを外部に展開しています。

同企業を取り巻く環境は、まさにカーボンニュートラル対応待ったなしの状況でした。しかし、一般的な脱炭素への取り組み手法として挙げられる、高効率設備の導入や再生可能エネルギーの購入等は、同企業の場合年間9,000万円ほどのコスト負担になると見込まれていました。そこで、労務費・電気料金の削減ができ、人手不足への対応にもなる、カイゼンによるカーボンニュートラルの推進に乗り出しました。

図Ⅳ-7　IoTを活用した設備の稼働状況の見える化

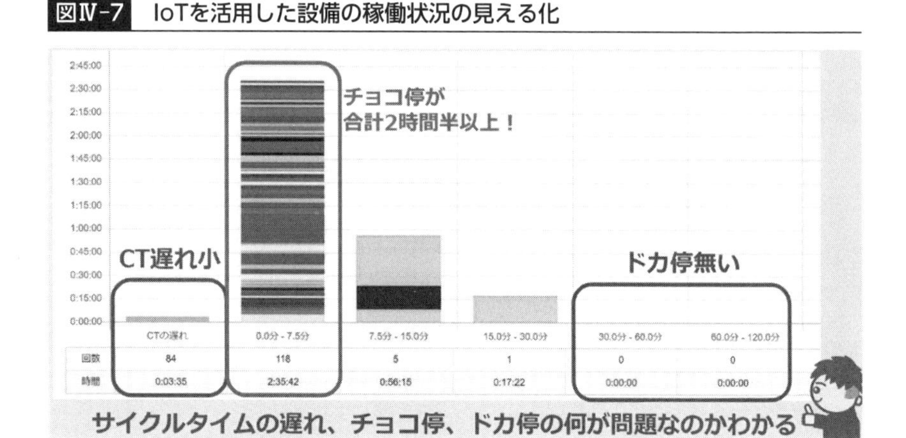

同企業がまず取り組んだのはIoTによるデータ収集でした。カイゼンによる労務費の下げ方の考え方としては、残業・休日出勤の削減が基本です。そのためには、生産能力（生産個数/h）の強化、ひいては、サイクルタイムの短縮および停止削減が重要になります。生産個数やサイクルタイム、停止時間、その理由など、労務費削減に直結するデータをIoTを活用して自動収集するようにしました。その結果、サイクルタイムの遅れやチョコ停、ドカ停などを見える化し、人手をかけることなく問題点を洗い出すことが可能になりました。

従来のカイゼン活動では、人がストップウォッチを持って現場に張り付き、人力でデータ収集から分析まで行っていました。前述のように、データの収集から問題点の特定までを自動化し、人間は対策の検討等の高付加価値な業務を行ったことで、改善速度が従来から約９倍、直接工労務費総額が18%減を実現しました。

また、このようなカイゼンによって労務費削減を実現した一方で、同時に使用電力量の削減にも繋がりました。使用電力量の削減といっても、むやみやたらに照明の消灯や省エネ設備の更新を行っても、的外れな取り組みになりかねません。まずは、現状を定量的に見える化し、最適な対策が検討することが必要です。そこで、従来は年に1度、エクセルを使用して集計していた使用電力量を、前述のIoT「iXacs」を活用し、200ラインにおける使用電力量をリアルタイムで見える化しました。

同社が開発・活用するIoTモニタリングサービス「iXacs」には、以下のように電力消費の内訳を自動で分析する機能があります。

① 待機電力　昼休みなど稼働させるつもりもないのに消費している電力

② 停止電力　稼働させたい時間中に何らかの理由で生産が停止、その間に消費している電力

③ 正味電力　正常に加工している間に消費している電力

単に電力消費量を測定しただけではどこに問題があるかわかりませんが、同企業はどこにムダがあるかを定量的に把握し具体的な電力消費量低減を行っています（**図Ⅳ-8**）。

図Ⅳ-9のように、旭鉄工の西尾工場の30ラインについて1か月間の電力消費量を分析したところ、Aラインでは、待機電力と停止電力が50%もあることが分かりました。このようなムダは、これまで見える化できていませんでしたが、見えてしまえば対策ができるようになります。

「**図Ⅳ-10** 電力のムダの削減例」は、実際の製造ラインの低減事例です。

これまで、労務費低減のため、製造現場が主体となって停止の削減に取り組んできており、大きな効果を上げてきました。しかし、電力消費

量低減についての意識は高いとは言えず、このラインでは稼働が終わっても電源を落とさず、そのままにしていました。それが今回電力消費量

図Ⅳ-8　電力のムダの見える化による効果

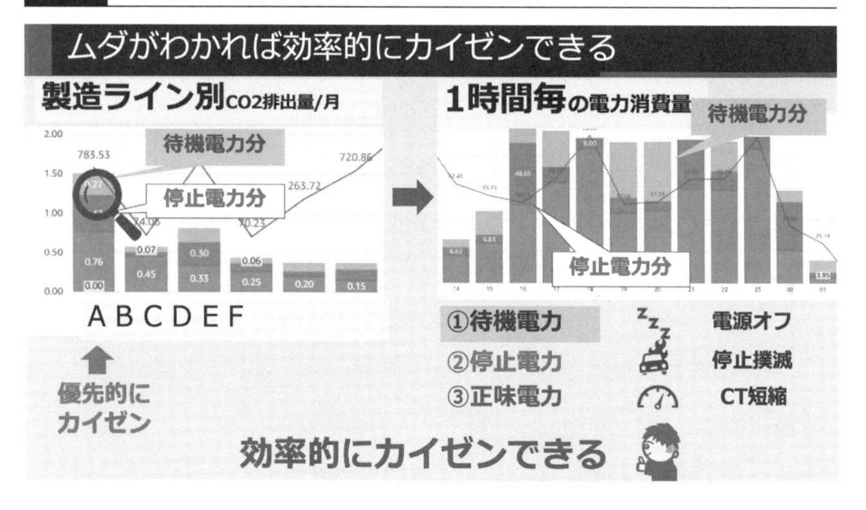

図Ⅳ-9　CO_2のムダの見える化による効果

CO2排出量（電力消費量）の見えない問題とは

一般家庭
待機電力
5.1%
(H24資源エネルギー庁資料)
HDDレコーダー
待機電力3.4W

製造設備
加工中
2.45KW
停止中
1.61KW
HDDレコーダー
470台分

ASAHI
旭鉄工株式会社
西尾工場30ライン（22年9月）
待機電力
35%
正味電力
50%
停止電力
15%
半分がムダとは・・

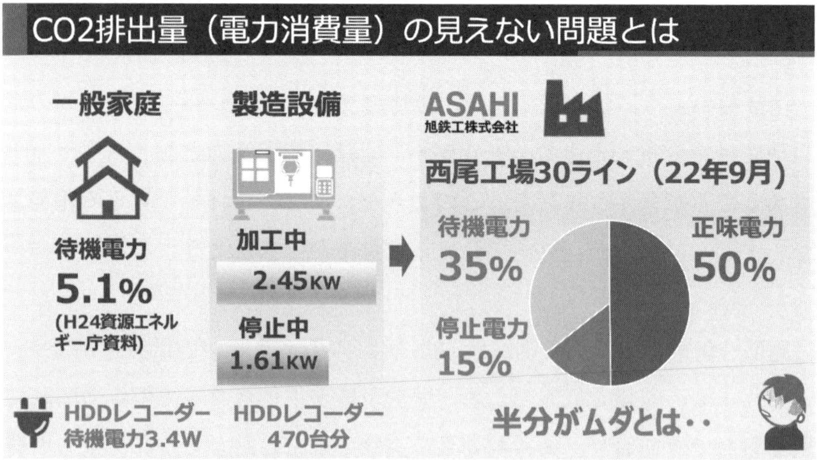

図Ⅳ-10　電力のムダの削減例

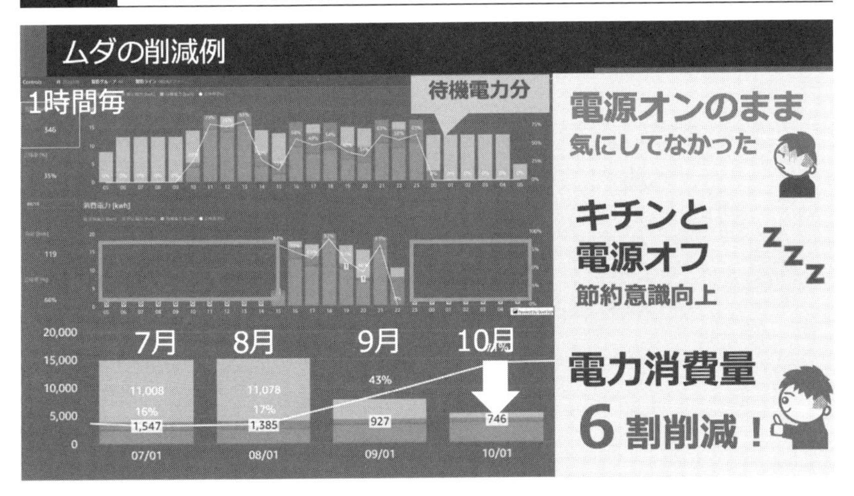

を見える化したことで、キチンと電源オフするようになったのです。これによりこのラインではなんと月間の電力消費量を６割も減らすことができました。

このように電力消費量の問題（数値ではない）を見える化することで大きな効果が上がるようになりました。カイゼン活動により2013年から21年までで、既に電力購入量16%減を実現していましたが、電力消費量の見える化によりそれが加速しました（図Ⅳ-11）。

以上のように、IoTによるカイゼンで脱炭素に取り組み、同企業は労務費とCO_2排出量の削減を同時に実現しました。省エネ設備の導入などの多大な設備投資を行うことなく、電力消費量の22%削減や労務費の年間４億円削減しました。本書をお読み頂いている読者の中には、脱炭素に取り組む余裕がない、という方もいらっしゃるかと存じます。ぜひ同

図Ⅳ-11　電力の見える化による効果

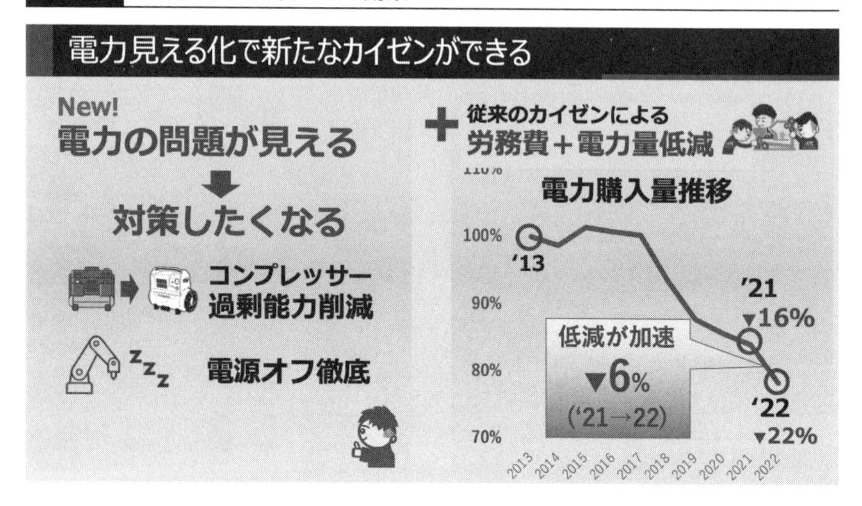

企業の事例をご参考にして頂き、業績の向上（コスト削減）と脱炭素を両輪で推進してみてはいかがでしょうか。

重要用語集

ESG（Environment, Social, Governance）

環境、社会、ガバナンスの頭文字をとった言葉で、企業の持続的成長のために欠かせないものとの認識が高まっている。

GX（Green Transformation）

気候変動の要因となっている温室効果ガスの排出削減に向けた世界の潮流を好機と捉え、それにあわせて組織の変革と成長を目指す取り組みのこと。

SX（Sustainability Transformation）

企業経営を取り巻く環境の不確実性が増す中で、「企業のサステナビリティ」と「社会のサステナビリティ」を同期化させる経営や対話、エンゲージメントを行っていくことで変革をもたらすこと。

ゼロカーボン（カーボンニュートラル）

2050年までに、温室効果ガスの排出を全体（二酸化炭素をはじめとする温室効果ガスの「排出量」から、植林、森林管理などによる「吸収量」を差し引いたもの）としてゼロにすること。

GHGプロトコル（Greenhouse Gas Protocol）

温室効果ガスの排出量を算定・報告する際の国際的な基準であり、１つの企業だけでなく、サプライチェーン全体を対象とする排出基準が設定されているところに特徴があり、Scope１～３まで設定されている。

TCFD（Task Force on Climate-related Financial Disclosures）

気候関連財務情報開示タスクフォースのこと。2017年6月に公表した報告書で、年次の財務報告の際には、財務に影響のある気候関連情報を開示することを推奨した。

CDP（Carbon Disclosure Project）

英国の慈善団体が管理する非政府組織（NGO）であり、イニシアティブでもある。

SBT（Science Based Targets）

パリ協定が求める水準と整合した、５～15年先を目標年として企業が設定する温室効果ガス排出削減目標を明言するイニシアティブである。

RE100（Renewabl Energy 100）

企業が自らの事業の使用電力を100％再エネで賄うことを目指す国際的なイニシアティブ（先導するもの）である。

RE Action

企業が自らの事業の使用電力を100％再エネで賄うことを目指す日本版RE100であり、中小企業向けイニシアティブである。

IPCC（Intergovernmental Panel on Climate Change）

1988年に設立された政府間組織。気候変動に関する最新の科学的知見の評価を提供している。

国連気候変動枠組条約

1992年に採択された環境条約。「共通だが差異ある責任」の原則のもと、温室効果ガス削減のための政策実施の義務が締約国に課された。

COP（Conference of the Parties）

気候変動枠組条約締約国会議。正式には他の条約の締約国会議があるが、単にCOPというと気候変動枠組条約のCOPであることが多いが、生物多様性条約の締約国会議もCOPということが多い。

カンクン合意

2010年にメキシコのカンクンで開催されたCOP16で、産業革命後の気温上昇を２℃以内に抑える「２℃目標」が設定された合意。

パリ協定

2015年にフランスのパリで開催されたCOP21で、産業革命後の気温上昇を２℃より十分に低く、1.5℃に極力抑える努力を追求する「1.5℃目標」を定めた協定。

地球温暖化対策推進法（温対法）

1998年に公布された法律で、2021年5月に改定され、①パリ協定に定める目標および、2050年カーボンニュートラル宣言を踏まえた基本理念を新設、②地域の再エネを活用した脱炭素化を促進する事業を推進するための計画・認定制度の創設、③脱炭素経営の促進に向けた企業の排出量情報のデジタル化・オープンデータ化の推進等、を追記している。

伊藤レポート

2014年8月に公表された、一橋大学の伊藤邦雄教授（当時）を座長とした、経済産業省の「『持続的成長への競争力とインセンティブ～企業と投資家の望ましい関係構築～』プロジェクト」の最終報告書の通称。企業の持続的成長に向けて企業価値を高めていくための課題を分析したもので、その後3.0まで更新されている。

ISO14001

国際標準化機構（International Organization for Standardization）が定める、環境マネジメントシステムが満たさなければならない規格。2000年代にブームとなった。

旧一般電気事業者

一般の需要に応じて電気を供給する事業者で、いわゆる地域の電力会社の10社を指す。

CCUS（Carbon dioxide Capture and Storage）

発電所などで発生するCO_2を回収し、それを有効活用したり地中へ貯蔵したりすること。

モーダルシフト

荷物輸送を、環境負荷の少ない方法に切り替えること。トラックのみで運んでいたものを、鉄道やフェリーなどの活用で負荷を下げることなどがあげられる。

参考文献

CDP Worldwide-Japan 「排出量算定・スコープ1, 2の考え方について」2022年5月12日
CDP Worldwide-Japan 高瀬香絵 「CDPとRE100が求める自然エネルギーの要件」
CSRデザイン環境投資顧問株式会社 「ESG開示法規制及び関連ガイドライン(EU・英国・フランス・ドイツ)に関する調査報告」環境省委託調査、2019年7月
J-クレジット制度事務局 「J-クレジット制度について」2022年9月
TCFDコンソーシアム 「気候関連財務情報開示 に関するガイダンス3.0 [TCFDガイダンス3.0]」2022年10月
TCFDコンソーシアム 「グリーン投資ガイダンス2.0」2021年10月5日
環境省 「SBT等の達成に向けたGHG排出削減計画策定ガイドブック」2021年3月
環境省 「温室効果ガス排出量 算定・報告・公表制度 電気事業者別排出係数一覧」
環境省 「環境報告ガイドライン2018年版」2018年6月
環境省 「気候関連財務情報開示に関するガイダンス（TCFD ガイダンス)」2018年12月
環境省 「グリーン・バリューチェーンプラットフォーム」
環境省 「グリーン・バリューチェーンプラットフォーム 自己学習用資料 業種別算定事例集」
環境省 「グリーン・バリューチェーンプラットフォーム 排出原単位データベース」2016年4月
環境省 「サプライチェーン排出量算定の考え方」 パンフレット、2017年11月
環境省 「算定・報告・公表制度における算定方法・排出係数一覧」
環境省 「中小規模事業者のための脱炭素経営ハンドブック−温室効果ガス削減目標を達成するために」
環境省 「フロン類算定漏えい量の算定・報告に用いる冷媒種類別 GWP 一覧」
環境省 地球温暖化対策課 「TCFDを活用した経営戦略立案のススメ～気候関連リスク・機会を織り込むシナリオ分析実践ガイド～ ver.3.0」2022年3月
環境省地球環境局 地球温暖化対策課 「TCFDを活用した経営戦略立案のススメ～気候関連リスク・機会を織り込むシナリオ分析実践ガイド ver3.0の解説」2021年3月12日
環境省・経済産業省 「温室効果ガス排出量算定・報告・公表制度における非化石証書の利用について」2022年4月
環境省・みずほリサーチ&テクノロジーズ 「オフサイトコーポレートPPAについて」2022年3月更新
環境省・みずほリサーチ&テクノロジーズ 「サプライチェーン排出量の算定と削減に向けて」
気候関連財務情報開示タスクフォース（TCFD)「指標、目標、移行計画に関するガイダンス」2021年10月
金融庁 「金融庁サステナブルファイナンス有識者会議 第二次報告書－持続可能な新しい社会を切り拓く金融システム－」2022年7月
経済産業省 「2050年カーボンニュートラルに伴うグリーン成長戦略」2020年12月
経済産業省 「2050年カーボンニュートラルの実現に向けた検討」
経済産業省 「オゾン層破壊係数（ODP値）一覧」
経済産業省 「再エネ価値取引市場について」2021年11月29日
経済産業省 「産業競争力強化法における事業適応計画について」2020年12月21日、2021年1月27日
経済産業省 「「ビヨンド・ゼロ」実現までのロードマップ」
経済産業省・環境省 「国際的な気候変動イニシアティブへの対応に関するガイダンス」2020年3月最終決定
公益財団法人自然エネルギー財団 「コーポレートPPA実践ガイドブック」2020年9月
公益財団法人自然エネルギー財団 「バーチャルPPAとFIP非化石証書の直接取引」2022年7月6日
国土交通省「不動産分野のTCFD対応ガイダンス～シナリオ分析対応箇所抜粋～」
地方脱炭素実現会議 「地域脱炭素ロードマップ～地方からはじまる、次の時代への移行戦略～」2021年6月9日

株式会社船井総合研究所 カーボンニュートラル支援ユニット

【企業概要】

中堅·中小企業を対象に専門コンサルタントを擁する日本最大級の経営コンサルティング会社。業種・テーマ別に「月次支援」「経営研究会」を両輪で実施する独自の支援スタイルをとり、「成長実行支援」「人材開発支援」「企業価値向上支援」「DX（デジタルトランスフォーメーション）支援」を通じて、社会的価値の高い「グレートカンパニー」を多く創造することをミッションとする。その現場に密着し、経営者に寄り添った実践的コンサルティング活動は様々な業種・業界経営者から高い評価を得ている。

【ユニット説明】

中堅·中小企業のGXとSXを最前線で支援。環境ビジネスコンサルティングを現場レベルで支援してきた20年を超える実績から、昨今は脱炭素経営化へのコンサルティングを展開。

環境ビジネス・脱炭素関連コンサルティング実績は300社を超える。脱炭素ロードマップ策定、CO_2排出量算定（Scope1～3)、TCFDに基づく情報開示、CDP回答、SBT認定など国際イニシアチブへの対応、戦略実行、サステナブルレポート作成まで一貫した脱炭素コンサルティングを手掛ける。特に全国3,500社超の環境・脱炭素関連機器メーカーとのネットワークを活用した、CO_2排出量削減の実行部分に強い。会員制型定期勉強会の「脱炭素経営研究会」を2022年８月より主催。

【執筆分担】

貴船隆宣（きふね・たかのぶ） マネージャー・上席コンサルタント

第1章・第2章・第5章・第7章・第Ⅳ部（2・3）担当

藤堂大吉（とうどう・だいきち） リーダー

第3章・第4章・第6章・第Ⅲ部・第Ⅳ部（1・4）担当

【購入者限定特典】
本書をご購読いただいた方向けに“ゼロからわかる脱炭素経営”のPDFデータ約60ページの無料進呈をご案内いたします。

https://www.funaisoken.co.jp/dl-contents/shouene_shouene_00348

中堅・中小企業はGXで生き残る!
利益を最大化する脱炭素経営

2022年12月30日　初版第1刷発行

著　者——株式会社船井総合研究所 カーボンニュートラル支援ユニット

発行者——張　士洛
発行所——日本能率協会マネジメントセンター
〒103-6009 東京都中央区日本橋2-7-1 東京日本橋タワー
TEL 03(6362)4339(編集)／03(6362)4558(販売)
FAX 03(3272)8128(編集)／03(3272)8127(販売)
https://www.jmam.co.jp/

執筆担当——貴船隆宣・藤堂大吉
装丁————冨澤 崇（EBranch）
本文DTP——株式会社RUHIA
印刷・製本—三松堂株式会社

ISBN 978-4-8005-9050-3　C2034
落丁･乱丁はおとりかえします。
PRINTED IN JAPAN